U0396534

建设工程合同管理与法律保障研究

应云总◎著

浙江工商大学 出版社

ZHEJIANG GONGSHANG UNIVERSITY PRESS

·杭州·

图书在版编目（CIP）数据

建设工程合同管理与法律保障研究 / 应云总著.
杭州：浙江工商大学出版社，2024.8(2024.11重印).
ISBN 978-7-5178-6162-1

Ⅰ. TU723.1;D923.64

中国国家版本馆 CIP 数据核字第 20248XE660 号

建设工程合同管理与法律保障研究

JIANSHE GONGCHENG HETONG GUANLI YU FALÜ BAOZHANG YANJIU

应云总 著

责任编辑	熊静文
责任校对	杨　戈
封面设计	胡　晨
责任印制	祝希茜
出版发行	浙江工商大学出版社
	（杭州市教工路 198 号　邮政编码 310012）
	（E-mail：zjgsupress@163.com）
	（网址：http://www.zjgsupress.com）
	电话：0571-88904980,88831806（传真）
排　　版	杭州朝曦图文设计有限公司
印　　刷	杭州高腾印务有限公司
开　　本	710 mm×1000 mm　1/16
印　　张	14.25
字　　数	146 千
版 印 次	2024 年 8 月第 1 版　2024 年 11 月第 2 次印刷
书　　号	ISBN 978-7-5178-6162-1
定　　价	58.00 元

前　言

　　建设工程合同是建设工程领域中至关重要的法律文件,它规范了发包方和承包方之间的权利和义务,保障了工程项目的顺利进行。本书旨在深入探讨建设工程合同管理与法律保障的相关问题,为业界提供全面而实用的指导。

　　在当今的建筑行业中,合同管理的重要性日益凸显。一份精心设计和有效管理的建设工程合同不仅能够明确各方的权利和义务,还可以为项目的顺利进行提供保障。然而,建设工程合同的复杂性和专业性也给合同管理带来了诸多挑战。

　　本书的撰写基于对建设工程合同管理领域的广泛研究和实践经验,通过对相关法律法规、政策和行业标准的深入分析,全面阐述了建设工程合同管理知识。本书内容涵盖了建设工程合同的订立、履行、变更、解除等各个环节,帮助读者了解建设工程合同管理的全过程。

　　本书全面系统地分析了建设工程合同管理中的法律问题,包括合同条款的完整性、合法性,以及各方权利和义务的明确性等方面的问题;并运用逻辑分析和实证研究等方法,深入探究建设工程中法律问题产生的根源,从法律法规的缺陷、市场环境的影响、当事人法律意识等多个角度进行剖析,为提出有针对性的解决方案奠定基础。

本书重点研究如何加强建设工程合同管理中的法律风险防范措施。这包括但不限于完善合同条款、提高合同履约能力、建立有效的风险预警机制等,以保障建设工程项目的顺利推进。

本书的特点之一是注重理论与实践的结合。在阐述相关理论的同时,也提供了相关的实际案例和操作建议,以便读者能够将所学知识应用于实际工作中。此外,本书还强调了建设工程合同管理中的风险防范意识,帮助读者避免可能出现的法律纠纷和经济损失。

本书适用于以下读者:建设工程企业的管理人员、项目经理等,他们需要了解如何有效地管理合同、降低风险;法律工作者,如律师、法务人员等,他们需要深入了解建设工程合同的法律规定和实务操作;高校相关专业的师生;行业协会和政府部门的相关人员,他们可以更好地指导和规范行业发展。

通过阅读本书,读者将有以下收获:系统地了解建设工程合同管理的理论和实践,掌握防范法律风险的方法和技巧,提高解决合同纠纷的能力和应对突发情况的能力,等等。

最后,希望本书能够为广大读者提供有价值的参考,促进建设工程合同管理的规范化和法治化,为行业的健康发展贡献力量。

目　录

第一章　建设工程合同概述

建设工程合同是建设工程领域的重要法律文件。其重要性不可忽视，它确保了工程项目的顺利进行，为合同双方提供法律保障，有助于规范市场秩序，促进建筑行业的健康发展。在签订合同时，双方应严格遵守法律法规，明确各项条款，以避免潜在的纠纷，保护各方的合法权益。

一、建设工程合同的定义与特点

建设工程合同是建设工程项目顺利实施的重要保障，是发包方与承包方为达成特定建设工程项目所缔结的协议。它明确了双方在工程建设过程中的权利与义务，包括工程范围、质量标准、工期、价款等内容。

(一)建设工程合同的定义

《民法典》第七百八十八条规定:建设工程合同是承包人进行

工程建设,发包人支付价款的合同。建设工程合同的客体是工程,这里的工程是指土木建筑工程和建筑业范围内的线路、管道、设备安装工程的新建、扩建、改建及大型的建筑装修装饰活动,主要包括房屋、铁路、公路、机场、港口、桥梁、矿井、水库、电站、通信线路等。建设工程合同的主体是发包人和承包人。

建设工程的发包人,一般为建设工程的建设单位,即投资建设该项工程的单位,通常也称"业主"。建设工程实行总承包的,总承包单位要经发包人同意;在法律规定的范围内对部分工程项目进行分包的,工程总承包单位即成为分包工程的发包人。建设工程的承包人,即实施建设工程的勘察、设计、施工等业务的单位,包括对建设工程实行总承包的单位、勘察承包单位、设计承包单位、施工承包单位和承包分包工程的单位。《民法典》对建设工程合同做出了详细规定。

(二)建设工程合同的特点

1. 特殊性

建设工程合同的特殊性体现在其涉及工程技术、法律、经济等多个领域,具有较强的专业性和综合性。

从工程技术角度来看,建设工程合同双方需要考虑工程的设计、施工、质量控制等方面的专业知识。合同中需要明确工程的技术标准、施工工艺、质量要求等,以确保工程的顺利进行和达到预期的质量标准。这需要合同双方具备相应的工程技术知识和经验,以便准确理解和执行合同条款。

从法律角度来看,建设工程合同受到法律法规的严格约束。合同的签订、履行、变更、解除等都需要遵守相关的法律规定。同时,建设工程合同中涉及的法律问题也较为复杂,如工程承包资质、工程质量责任、安全生产责任、合同纠纷处理等。法学理论中的合同法、物权法、侵权责任法等都与建设工程合同的法律问题密切相关。

从经济角度来看,建设工程合同涉及资金的投入、成本的控制、风险的分担等经济因素。合同双方需要根据工程的规模、复杂程度、市场行情等因素,合理确定工程造价、付款方式、结算方式等经济条款。同时,还需要考虑工程建设过程中的风险因素,如市场价格波动、不可抗力等,并在合同中明确风险分担的方式。

2.长期性

建设工程合同的履行周期较长,往往涉及多个阶段和环节。从项目的前期准备、规划设计、工程施工到竣工验收、保修等,每个阶段都有其特定的任务和要求,合同双方按照约定逐步完成。这就要求合同双方在长时间内保持密切合作和沟通。

由于合同履行周期长,合同双方面临的风险也相应增加。市场价格波动、政策变化、不可抗力等因素都可能影响合同的履行。在法学理论中,风险分担原则要求合同双方在签订合同时,应当合理分配风险,避免一方承担过多的风险。

合同履行过程中可能会出现各种情况,如工程范围的变更、工期的调整等,这时就需要对建设工程合同进行变更或调整。合同双方需要根据法律规定和合同约定,进行协商和决策。建设工程合同的长期性意味着法律责任的持续性。在合同履行期间,双方都需要遵守合同约定,承担相应的法律责任。如果一方违反合同,可能会导致长期的法律纠纷和责任追究。

基于建设工程合同的长期性特点,法学理论中的契约精神和诚实信用原则在合同履行中显得尤为重要。双方应当秉持诚实守信的原则,严格按照合同约定履行义务,及时沟通和解决问题,以维护合同的稳定性和公正性,同时,合同法中的抗辩权、代位权等制度也为保护合同当事人的合法权益提供了法律保障。

3.复杂性

建设工程合同条款繁多,涉及的法律关系复杂。由于建设工程涉及多个环节和方面,合同需要详细规定各方的权利和义务,包括工程范围、质量标准、工期、价款、支付方式、违约责任等。这些条款相互关联,需要细致的约定和解释。

建设工程合同涉及多种法律关系,如发包方与承包方之间的承包关系、承包方与分包方之间的分包关系、发包方与监理单位之间的监理关系等。不同法律关系之间可能存在交叉和冲突,需要进行协调和处理。

建设工程合同受到多部法律法规的约束,如《民法典》合同编、《建筑法》《招标投标法》等,同时还需要遵循相关的行业标准和规范。不同法规政策的要求可能不一致,增加了合同的复杂性。

建设工程项目面临各种风险,如质量风险、工期风险、价格风险等。合同需要明确风险的承担者和分担方式,以避免纠纷的发生。建设工程合同的履行过程中,可能会出现争议和纠纷。由于合同的复杂性,证据的保全和举证可能较为困难,双方需要注重记录和留存相关证据。

从法学理论的角度来看,建设工程合同的复杂性涉及契约自由原则、公平原则、诚实信用原则等。契约自由原则允许当事人自主协商合同条款,但也要求当事人在订立合同时审慎考虑,确保合同的完整性和可操作性。公平原则要求合同条款的设置公平合理,不偏袒任何一方。诚实信用原则要求当事人在合同履行过程中秉持诚实守信的态度,不得故意隐瞒或提供虚假信息。

对于建设工程合同的复杂性,双方在签订合同时应当格外谨慎,确保合同条款的明确性和完整性。同时,在合同履行过程中,双方应当加强沟通和协作,及时解决可能出现的问题。如果遇到纠纷,应当依法维护自己的合法权益。

4. 风险性

建设工程合同受多种因素影响,存在较高的风险,如市场价格波动、政策变化等。建设工程所需的材料、设备价格可能会随着市场供需关系的变化而波动。如果在合同签订后,材料价格大幅上涨,可能会导致成本增加,影响工程的经济效益。

国家和地方政府的政策调整,如环保政策、规划调整等,可能对建设工程产生重大影响。这些变化可能导致工程的暂停、变更或取消,给合同双方带来损失。

不可抗力因素也会影响建设工程合同的履行,如自然灾害、战争、社会动乱等不可预见、不可避免的事件,可能会影响工程的进度和质量,导致合同无法按时履行。

工程建设中可能会遇到技术难题、设计变更等问题，这可能会增加工程成本和延长工期，引发合同纠纷。还有，合同一方可能因财务状况恶化、经营不善等，无法履行合同义务，从而给对方带来损失。

对于建设工程合同的风险性，从法学理论的角度来看，根据公平原则，合同双方应当合理分担风险。签订合同时，双方应明确约定风险的承担方式和责任范围。对于不可抗力因素导致的合同无法履行，双方可以根据不可抗力的法律规定，免除或减轻相应的责任。当发生重大情势变更导致合同继续履行显失公平时，当事人可以请求法院或仲裁机构对合同进行变更或解除。

通过购买工程保险等方式，合同双方可将部分风险转移给保险公司，减少自身的风险承担。当一方违反合同义务时，另一方可以依据相关法律的规定，要求对方承担违约责任，包括赔偿损失、支付违约金等。

为了降低建设工程合同的风险，双方在签订合同前应充分评估风险，明确风险分担机制，并在合同履行过程中密切关注市场动态、政策变化等情况，及时采取措施应对风险。

二、建设工程合同的类型与形式

建设工程合同根据不同的标准可以分为多种类型。不同类型和形式的建设工程合同，适应了不同工程项目的需求和特点。选择合适的合同类型和形式，对于保障工程项目的顺利进行、维护各方权益具有重要意义。

(一)按照工作性质分类的建设工程合同

1.建设工程勘察、设计合同

建设工程勘察、设计合同是指委托方与承包方为完成特定的勘察设计任务,明确相互权利义务关系而订立的合同。

根据《民法典》第七百八十八条对建设工程合同的分类,建设工程合同包括工程勘察、设计、施工合同。同时,根据《民法典》第七百九十四条,勘察、设计合同的内容一般包括提交有关基础资料和概预算等文件的期限、质量要求、费用以及其他协作条件等条款。

2.建设工程施工合同

建设工程施工合同是指发包方(建设单位)和承包方(施工单位)为完成商定的施工工程,明确相互权利、义务的协议。

根据《民法典》的相关规定,建设工程施工合同的合同主体,即发包方和承包方应当具有相应的资质和能力,以确保工程的质量和安全。合同应当明确工程的范围、质量标准、工期等内容,这是双方权利义务的基础。发包方应当按照合同约定支付价款,承包方应当按照约定完成工程。承包方应当对工程质量承担保证责任,在保修期内对有质量问题的工程进行维修。

《民法典》第七百九十五条规定,施工合同的内容一般包括工程范围、建设工期、中间交工工程的开工和竣工时间、工程质量、工程造价、技术资料交付时间、材料和设备供应责任、拨款和结算、竣工验收、质量保修范围和质量保证期、相互协作等条款。在实际操作中,建设工程施工合同的具体内容和条款可以根据工程的特点和双方的协商情况进行调整和补充。

(二)按照合同的目的分类的建设工程合同

1.工程承包合同

工程承包合同是确定建设工程发包单位与承包单位双方之间权利与义务关系,并具有法律效力的合同。

工程承包合同的内容主要包括:施工企业承包工程的范围;建设单位提供的各项施工准备工作、提交施工图纸等技术资料的时间和设备、材料供应合同的副本;工程进度和工程竣工的具体时间以及工程造价、结算方式、工程质量要求,采用合理化建议节约的资金分配、设计变更手续、权限、竣工验收、完成合同的奖励和违反合同的处罚等规定。

2.勘察、设计合同

勘察、设计合同是指建设单位与勘察、设计单位为完成工程勘察设计任务,明确双方权利和义务的协议。

根据《民法典》的相关规定,勘察、设计合同是建设工程合同的一种,属于承揽合同的范畴。在勘察、设计合同中,勘察、设计单位作为承揽人,按照建设单位的要求进行勘察、设计工作,并交付工作成果;建设单位则按照合同约定支付报酬。

勘察、设计合同的主要内容包括勘察、设计的任务、要求、标准、期限、报酬以及双方的权利和义务等。其中,勘察、设计的质量要求是合同的重要内容之一,勘察、设计单位应当按照国家有关规定和合同约定的质量标准进行勘察、设计,确保勘察、设计成果的质量。

此外,勘察、设计合同还应当遵循公平、自愿、诚实信用的原则,双方应当按照合同约定履行各自的义务。一方如果违反合同约定,给对方造成损失,应当承担违约责任。

需要注意的是,勘察、设计合同的具体内容和条款可以根据实际情况进行协商和约定,但不得违反法律、行政法规的强制性规定。在签订勘察、设计合同前,双方应当对合同的内容进行认真审查,确保合同的合法性和有效性。

3.建设工程供应合同

建设工程供应合同是指供应商与建设工程的发包方或承包方之间订立的,约定由供应商提供建设工程所需的材料、设备等物资,并由采购方支付相应价款的合同。

根据《民法典》的相关规定,建设工程供应合同是一种买卖合同,适用《民法典》关于买卖合同的一般规定。具体来说,供应方应当按照合同约定的质量、数量、时间等要求供应物资;采购方应当按照合同约定的价款支付货款。

在建设工程供应合同中,供应方的主要义务是提供符合合同约定的物资,包括保证物资的质量、数量等。如果供应的物资不符合合同约定,供应方可能需要承担违约责任,如赔偿损失、更换或修理物资等。同时,采购方也有相应的义务,如按照合同约定的时间和方式支付货款、提供必要的接收和检验条件等。采购方如果未按照合同约定支付货款,可能需要承担违约责任。

此外,建设工程供应合同还可能涉及一些特殊的条款,如质量保证、退换货、售后服务等。这些条款的具体内容和法律效力需要根据合同的具体约定和相关法律规定来确定。

4.建设工程咨询合同

建设工程咨询合同是指工程咨询单位与委托人就建设工程咨询业务协商一致,签订的明确双方权利和义务的协议,包括技术咨询合同、项目管理合同、造价咨询合同、招标代理合同、监理合同等。

根据相关法律规定,建设工程咨询合同签订的双方应遵循平等、自愿、公平和诚实信用的原则。委托人应按照合同约定提供开展咨询业务所需的资料和条件,并支付咨询费用;工程咨询单位应按照合同约定的时间、质量和标准完成咨询任务。

此外,法律还可能对建设工程咨询单位的资质、咨询成果的质量要求、保密义务等方面做出规定。例如,咨询单位应具备相应的专业资质和技术能力,咨询成果应符合国家标准和行业规范,咨询单位应对委托人的商业秘密和信息予以保密。

5.建设工程租赁合同

《民法典》中对于租赁合同有明确的规定。《民法典》第七百零三条规定,租赁合同是出租人将租赁物交付承租人使用、收益,承租人支付租金的合同。建设工程租赁合同可以视作一种特殊的租赁合同,它涉及建设工程中所需的设备、机具等的租赁。

建设工程租赁合同一般会包括以下内容:租赁物的名称、数量、质量、用途、租赁期限、租金及支付方式、维修保养责任、违约责任等。这些条款是明确双方权利义务、保障合同顺利履行的重要依据。

此外,《民法典》还规定了一些租赁合同的基本原则,如诚实信用原则、公平原则等。双方在签订和履行建设工程租赁合同过程中,应当遵循这些原则,确保合同的合法性和公正性。如果在建设工程租赁合同的签订或履行过程中出现纠纷,可以依据《民法典》的相关规定进行处理。

(三)按照合同之间的依附关系分类的建设工程合同

1.建设工程主合同

主合同是指不依附其他合同,能够独立存在的合同。建设工程主合同是建设单位与施工单位就建设工程项目签订的合同,通常是建设工程项目中的主要合同,如工程承包合同、设计合同、采购合同等。主合同规定了项目的主要目标、任务、价格、工期等关键条款。

根据《民法典》的相关规定,建设工程主合同是一种典型的承揽合同。施工单位作为承揽人,按照建设单位的要求完成工程建设任务;建设单位则按照合同约定支付工程价款。

需要注意的是,建设工程主合同的具体内容和法律适用可能因项目的性质、规模和所在地的法律规定而有所不同。在实际操作中,双方应当根据具体情况,合理制定合同条款,确保合同的合法性和可执行性。

2.建设工程从合同

从合同是依附于主合同而存在的合同,通常是为主合同提供辅助或补充性质的合同,如担保合同、保险合同、租赁合同等。建设工程从合同是指以建设工程合同为主合同,依附它存在的担保合同、租赁合同、采购合同等。

从合同的法律效力与主合同的法律效力密切相关。一般来说,如果主合同是合法有效的,那么从合同在符合法律规定和合同约定的情况下,也具有法律效力。在房屋建设工程中,乙方为了保证工程的顺利进行,可能需要与第三方签订设备租赁合同或材料采购合同。这些租赁合同和采购合同就是从合同,它们依附主合同,为主合同的履行提供支持。

主合同和从合同之间存在着密切的关系。从合同的履行通常以主合同的存在和履行为前提,主合同的变更或解除可能会影响从合同的效力。此外,从合同规定的权利和义务往往受到主合同的限制和约束。

在实际应用中,根据项目的具体情况,可能会由多个主合同和从合同构成一个复杂的合同体系。理解和管理这些合同之间的关系对于确保项目的顺利进行和各方权益的保护至关重要。

(四)按照计价方式的不同分类的建设工程合同

1.建设工程总价合同

总价合同是一种建设工程合同的形式,合同中要确定一个完成建设工程的总价,承包人据此完成合同规定的全部内容。建设工程总价合同主要包括固定总价合同、可调总价合同和固定工程量总价合同等不同类型。

固定总价合同约定合同总价在合同签订后固定不变,除非合同中约定了可以调整的情况,如工程范围的变更等。这种类型的合同适用于工程范围明确、工程量能够被准确计算的项目。

可调总价合同约定合同总价在一定范围内可以调整,通常根据合同中约定的调价条款,如物价波动、工程变更等进行调整。这种类型的合同适用于工程范围不太明确、风险较大的项目。

固定工程量总价合同会明确约定工程量,承包人按照约定的工程量和单价计算总价。如果实际工程量与约定工程量有差异,一般可以按照约定的方法进行调整。这种类型的合同适用于工程量能够被准确计算的项目。

不同类型的总价合同在风险分配、价款调整等方面存在差异,当事人在签订合同时应根据项目的具体情况选择合适的总价合同类型,并在合同中明确约定相关条款,以避免纠纷。

2.建设工程单价合同

建设工程单价合同是指建设工程发承包双方约定以工程量清单及其综合单价进行合同价款计算、调整和确认的建设工程施工合同。

根据《民法典》及相关法律法规的规定,单价合同通常会明确工程量的计算方式和确认程序。发承包双方应当按照合同约定的方法和标准确定工程量,确保工程量的准确性。

单价合同中的单价应当是明确、固定的,一般由发承包双方在合同中约定。单价通常包括完成相应工程内容所需的直接费用、间接费用和利润等。根据确定的工程量和约定的单价,计算出合同价款。合同价款的计算应当遵循公平、合理的原则,确保双方的权益得到保障。

单价合同可能会约定价格调整条款,如当市场价格波动、工程变更等因素导致单价发生变化时的调整方法。价格调整应当符合法律法规的规定,并且合同应当明确约定调整的条件和方式。在单价合同中,发承包双方通常会根据各自的风险承担能力和偏好,对工程风险进行分担。一般来说,承包人承担的风险主要与工程成本和管理有关,而发包人则可能承担更多的市场风险和不可预见的风险。

3. 建设工程成本加酬金合同

成本加酬金合同是约定由建设工程发包人向承包人支付工程项目的实际成本和酬金的合同类型。

根据相关法律规定,成本加酬金合同中的成本通常是指承包人为完成工程项目实际发生的费用,包括直接成本和间接成本。成本的确定应当遵循合理、真实的原则,一般需要通过承包人提供成本凭证或审计等方式进行核实。

酬金是建设工程发包人按照约定支付给承包人的报酬,可以是固定金额、固定比例,也可以根据工程项目的完成情况进行确定。酬金的确定方式应当在合同中明确约定,并且应当符合法律法规的要求。

在成本加酬金合同中,承包人一般承担工程项目的实际成本风险,而发包人则承担酬金支付的风险。双方应当根据各自的风险承担能力和意愿,在合同中合理划分风险。

成本加酬金合同相对于固定总价合同和单价合同具有更大的灵活性,能够更好地适应工程项目的变化和需求。但双方在签订合同时也要注意合同条款的明确和规范,避免出现纠纷。在实际应用中,也要根据具体情况进行合理的合同设计和管理,以确保合同的公平性、合理性和可执行性。

不同类型的建设工程合同在法律规定和实际应用中可能存在差异,建议根据具体情况选择适当的合同类型,并在合同签订前咨询专业人员,以确保合同的合法性和有效性。

三、建设工程合同的主要条款

建设工程合同的主要条款是确保合同全面、准确、合法的关键要素。这些主要条款构成了建设工程合同的核心,为双方提供了明确的指导和保障。在签订合同前,双方应仔细审查和协商这些条款,以确保合同的公平性、合理性和可执行性。

(一)工程范围

工程范围可以简单理解为确定一个工程项目所包含的具体工作内容和任务的边界,它明确了承包人需要完成的工作以及所承担的责任。建造一座大楼的工程范围可能包括基础施工、结构框架搭建、电气安装、管道铺设、内饰装修等。工程范围的定义通常在项目的规划和合同的签订阶段进行,它为项目的实施提供了明确的指导。

《建筑法》对建筑工程分包范围有明确规定,第二十四条提倡对建筑工程实行总承包,禁止将建筑工程肢解发包。根据《招标投标法实施案例》第二条,工程建设项目范围包括工程以及与工程建设有关的货物、服务。其中,工程是指建设工程,包括建筑物和构筑物的新建、改建、扩建及其相关的装修、拆除、修缮等。

明确工程范围,可以减少发生误解和纠纷的风险,确保承包人按照业主的期望完成工程。假设有一个住宅建设项目,承包人被要求建造一栋两层别墅,并包括室内装修和室外园林景观,但合同中对于工程范围的描述并不详细,没有明确规定装修的具体标准和园林景观的设计要求。如果合同中详细规定了装修的标准和园林景观的设计要求,承包人就会清楚地知道他们需要达到的目标,而业主也能够根据这些明确的要求来评估工程的质量。在施工过程中,承包人可能会根据自己的理解和经验来进行装修和园林设计。但当房屋交付时,业主可能会对装修质量不满意,或者认为园林景观不符合他们的期望。这可能导致纠纷和争议,因为双方对于工程范围的理解存在差异。

为了避免这种纠纷和争议情况的发生,在合同中明确工程范围非常重要。具体来说,可以包括以下内容:

(1)详细的工程描述:明确说明承包人需要完成的工作,例如房屋的结构、面积、装修风格、材料等。

(2)技术规格和标准:规定使用的材料、施工工艺、质量要求等,确保工程符合一定的标准。

(3)工作范围的限制:明确哪些工作属于承包人的责任范围,哪些不在范围之内,避免责任不清。

(4)交付成果的定义:描述工程完成后的具体状态和要求,例如通过验收的标准。

(5)排除事项:说明不属于工程范围内的工作或责任,避免误解和纠纷。

清晰的工程范围定义对于项目的成功至关重要。它有助于确保承包人清楚了解任务要求,合理安排资源和时间,同时也为业主提供了评估工程进展和质量的依据。这样可以避免工作的遗漏或重复,减少变更和索赔的可能性,提高项目的效率和成功率。

(二)工程价款

工程价款是指在建设工程合同中约定发包人应当支付给承包人的工程总价或单价,以及支付方式和时间。

在实践中,工程价款通常是在工程招投标阶段通过签订总承包合同、建筑安装工程承包合同、设备材料采购合同以及技术和咨询服务合同确定的价格。同时,工程价款的支付方式和时间也应该在合同中明确规定,以避免纠纷的发生。

在工程招投标阶段,确定合理的工程价款需要考虑以下几个方面:

(1)投标价:除依据的清单计价规则强制性规定外,投标价由投标人自主确定,但不得低于成本。投标价应由投标人或受其委托具有相应资质的工程造价咨询人编制。

(2)计价类型:工程承包合同计价类型分为总价合同、单价合同和成本加酬金合同等,不同计价类型的合同,其投标报价计算有所差别。

(3)依据:根据招标文件清单的编制依据中清单计价规则进行投标报价编制。

(4)其他因素:应当结合投标文件、中标通知书、工程竣工验收报告等证据,认定涉案工程价款。

此外,在确定工程价款时,还需要考虑工程的质量、进度、安全等因素,以确保工程的顺利进行和高质量的完成。

(三)工 期

工期是工程建设中的一个重要概念,它涉及工程的开工日期、竣工日期以及工期延误的责任。法律条款一般会对工期做出明确的要求,以保障工程的按时完成。

《民法典》第八百零三条规定:发包人未按照约定的时间和要求提供原材料、设备、场地、资金、技术资料的,承包人可以顺延工程日期,并有权请求赔偿停工、窝工等损失。这意味着如果发包人未能按时提供必要的条件,承包人可以要求顺延工期,并有权获得相应的赔偿。

此外,法律还可能规定了工期延误的责任。如果承包人未能按照合同约定的工期完成工程,可能需要承担违约责任,如支付违约金或赔偿损失等。同时,如果工期延误是不可抗力等不可预见、不可避免的因素导致的,承包人可能可以免除或减轻责任。

在工程招投标和合同签订过程中,双方应当明确约定工期,并对可能影响工期的因素进行充分考虑和协商。合理的工期安排有助于确保工程的顺利进行,避免不必要的纠纷和损失。

(四)工程质量

工程质量明确了工程的质量标准和验收程序。它是工程建设的核心,直接关系到工程的安全性、可靠性和使用年限。法律对工程质量有严格的要求,以保障公众的生命财产安全。

根据《建筑法》等相关法律法规,承包人应当按照合同约定和国家标准进行施工,确保工程质量符合要求。如果工程质量不合格,承包人可能需要承担修复、返工甚至赔偿的责任。

在工程价款方面,质量通常是影响价款的重要因素之一。如果工程质量达到或超过合同约定的标准,承包人可能有权获得全部或更高的价款;反之,如果工程质量存在问题,发包人可能有权扣除一定的价款作为赔偿。

此外,工程质量的验收程序也非常重要。法律规定了严格的验收程序,包括施工过程中的检验、竣工验收等环节。只有通过验收,工程才能被认为是合格的,承包人才能获得相应的价款。

因此,在工程建设过程中,承包人应当高度重视工程质量,严格按照法律法规和合同约定进行施工,确保工程质量达标。同时,发包人也应当加强对工程质量的监督和管理,及时发现和解决问题。

(五)材料和设备供应

材料和设备供应是工程建设中的重要环节,建设工程合同应明确材料和设备的供应责任和质量要求。法律通常会对材料和设备的质量、标准以及检验要求做出规定。例如,《建筑法》可能要求使用符合国家标准或行业标准的材料和设备,并且需要经过相应的检验和认证。

供应合同也是关键。合同中应明确供应商的责任和义务,包括交货时间、质量保证、价格等条款。法律要求合同签订应符合公平、公正的原则,保障双方的权益。

此外,法律可能还涉及材料和设备的运输、存储、使用等方面的规定。例如,某些特殊材料可能需要特定的运输和存储条件,以确保其质量和性能。

在工程建设中,确保材料和设备的供应质量和及时性对于工程的顺利进行和质量保障至关重要。违反相关法律规定可能导致法律责任和工程质量问题。

供应商如果未能按照合同约定提供材料和设备,则需要承担以下责任:

(1)违约责任:根据合同条款,供应商可能需要承担违约责任,如支付违约金、赔偿损失等。

(2)质量责任:如果供应的材料和设备质量不符合合同约定,供应商可能需要负责修复、更换或退货,并承担由此产生的费用。

(3)工期延误责任:供应延误可能导致工程进度受阻,供应商可能需要承担由此造成的工期延误责任。

(4)法律责任:在某些情况下,供应商的违约行为可能构成违法,需要承担相应的法律责任。

为了避免出现供应商未能按约供应的情况,双方可以在合同中明确约定违约责任、赔偿方式和争议解决机制等条款。同时,建设方在选择供应商时,应进行充分的尽职调查,评估其信誉和能力。

(六)变更和索赔

建设工程合同要约定工程变更的程序和索赔的处理方式。变更和索赔是工程建设中常见的情况,除了双方合同约定之外,法律对此也有相关规定。

法律可能要求工程变更应经过一定的程序,如书面通知、审批等。变更应在合理范围内,并符合合同约定和法律规定。双方应就变更的内容、费用和工期等进行协商和确认。

法律通常要求索赔应在一定期限内提出,并提供相应的证据。索赔的处理应遵循公平、公正的原则,根据合同约定和实际情况进行评估和裁决。在变更和索赔过程中,双方应注意保存相关证据,如文件、照片、邮件等,以支持自己的主张。

法律鼓励双方通过协商解决变更和索赔问题,避免纠纷的升级。如果协商不成,可以通过仲裁或诉讼等法律途径解决。法律要求对变更和索赔的合理性进行审查,确保一方并非恶意或提出不合理的要求。

变更和索赔的处理需要遵循法律规定和合同约定,以保障双方的权益。同时,及时、准确地处理变更和索赔问题有助于工程的顺利进行和避免不必要的纠纷。

(七)保修责任条款

保修责任条款是建设工程合同中非常重要的一部分,确定了工程的保修期限和保修范围。它涉及工程的质量保障和后续维护。主要包括:

(1)保修期限:建设工程的保修期限根据不同的工程类型和国家或地区的法律法规而有所不同。法律对不同类型的建设工程也规定了最低保修期限。一般来说,建设工程的保修期限有以下几种情况。基础设施工程的保修期限一般为设计文件规定的该工程的合理使用年限;屋面防水工程的保修期限通常为 5 年;供热与供冷系统的保修期限为 2 个采暖期、供冷期;电气管线、给排水管道、设备安装的保修期限为 2 年;装修工程的保修期限为 2 年。保修期限的确定应根据工程的性质、使用情况和法律要求来合理设定。

(2)保修范围:通常包括工程的主体结构、设备安装、防水等方面。但法律可能将一些特殊情况或不可抗力因素导致的问题排除在保修范围之外。

(3)责任承担:在保修期限内,承包人应当承担相应的保修责任,及时修复存在的质量问题。承包人如果未履行保修责任,可能需要承担违约责任。

(4)通知和维修:发包人在发现工程质量问题时,应及时通知承包人,并给予其合理的维修时间。承包人应积极响应并进行维修,确保工程的正常使用。

(5)保修费用:保修责任通常由承包人承担,但如果质量问题是发包人使用不当或其他非承包人的因素导致的,可能需要另行协商费用承担问题。

保修责任条款的明确可以保护发包人的合法权益,同时也促使承包人在工程建设过程中注重质量管理。法律规定为保修责任提供了一定的保障,确保工程在一定期限内的质量和可靠性。

(八)违约责任条款

违约责任条款是建设工程合同中至关重要的一部分,它明确了双方在违约情况下的责任和赔偿方式。双方可以在合同中明确约定各种违约行为及其对应的责任,如延迟交货、质量不达标等;规定违约方应承担的赔偿方式,包括支付违约金、赔偿损失、返还已付款等。

法律对违约责任有一定的规定,合同中的约定不能违反法律法规。同时,法律也提供了一些违约赔偿的计算方法和原则。在主张违约责任时,受害方需要承担一定的举证责任,证明对方存在违约行为和造成的损失。

法律允许双方在合同中约定一定的限制责任条款,但这些条款必须合理且不违反法律强制性规定。对于不可抗力等不可预见、不可避免的因素导致的违约,法律通常会减轻或免除违约方的责任。

违约责任条款的制定应公平合理,既要保护双方的合法权益,又要避免过于苛刻的条款影响合同的履行;要确保双方的违约责任相对等,避免一方承担过重的责任。违约责任的约定应基于实际情况和合理预期,不过于严苛或宽松。赔偿范围应限于可预见的损失,避免过高的赔偿要求。设定合理的违约金数额,既要起到警示作用,又不能过高导致不公平。

(九)争议解决条款

争议解决条款规定了在建设工程合同履行过程中发生争议时的解决方式,如仲裁或诉讼。仲裁是一种常见的争议解决方式,具有快捷、保密、专业性强等优点。仲裁裁决一般具有终局性,并可在国际上得到承认和执行。法律对仲裁程序和仲裁裁决的执行有相应的规定。诉讼是通过法院解决争议的方式。法律对诉讼程序、证据规则等有详细的规定。诉讼通常适用于一些复杂或重大的争议,但可能需要较长时间和较高成本。

根据建设工程合同的具体情况,双方可以协商选择仲裁或诉讼作为争议解决方式。如果选择仲裁,需要明确仲裁机构、仲裁规则等细节;合同中应包含明确的仲裁协议,确保仲裁的有效性。仲裁协议应符合法律的要求,如仲裁事项的范围、仲裁机构的选择等。

根据《最高人民法院关于适用〈中华人民共和国民事诉讼法〉的解释》第二十八条的规定,建设工程施工合同纠纷按照不动产专属管辖确定受诉法院,即建设工程施工合同纠纷一律由建设工程所在地人民法院管辖。建设工程施工合同纠纷还包括建设工程价款优先受偿权纠纷、建设工程分包合同纠纷、建设工程监理合同纠纷、装饰装修合同纠纷、建设工程勘察合同纠纷、建设工程设计合同纠纷。尚未开工建设的建设工程施工合同纠纷，以及达成结算协议的建设工程施工合同纠纷，均适用专属管辖。工程款债权转让的，债务人与受让人因债务履行发生纠纷的，由于该债权源于建设工程施工合同，按建设工程施工合同纠纷适用专属管辖。

（十）其他条款

其他如保险、安全生产、环境保护等方面的条款在建设工程中都非常重要。如保险条款，工程建设中可能面临各种风险，如工程损坏、人员伤亡等。合同中明确保险责任和范围，利于保障各方的利益。例如，要求承包人购买适当的工程保险、第三者责任险等。

安全是建设工程的首要关注点。安全生产条款应规定承包人的安全责任，包括建立安全管理制度、提供安全培训、采取必要的安全措施等。同时，也可以约定安全事故的处理程序和责任划分。

随着环保意识的提高，环境保护条款也越来越重要。这一条款可以要求承包人遵守环保法规，采取环保措施，减少施工对环境的影响。例如，控制噪声、粉尘污染，妥善处理废弃物等。

这些条款的设立有助于确保工程的顺利进行，保护人员安全和环境质量。在实际操作中，还需要根据工程的具体情况和法律法规的要求，制订具体的细则和执行措施。

以上 10 个方面的条款是建设工程合同的主要内容，双方应当在合同中明确约定,以确保合同的履行和双方的权益。当然,具体的合同条款可能因项目的性质、规模和法律要求而有所不同。在签订建设工程合同前,双方应当仔细审查和协商合同条款,确保各自的权利和义务得到明确和保障。

第二章　建设工程合同管理的法律依据

建设工程合同管理的法律依据是确保建设工程合同合法、有效运行的重要支撑。遵循建设工程合同管理的法律依据,有助于维护建筑市场的秩序,保障工程项目的顺利进行,保护合同双方的合法权益。建设工程合同双方应严格按照法律要求进行合同管理,确保合同的履行和实施。

一、相关法律法规的体系与适用

相关法律法规的体系构成了建设工程领域的法律框架,其适用范围广泛且具有重要意义。这些法律依据包括但不限于《民法典》《建筑法》。建设工程法律法规的适用有助于规范市场秩序,保障工程质量和安全,保护各方合法权益。

(一)建设工程法律体系的概念

建设工程法律体系是指由一系列与建设工程相关的法律、行政法规、部门规章、地方性法规和司法解释等构成的有机整体。它是规范和调整建设工程领域各种社会关系的法律规范的总和。

建设工程法律体系是一个系统的整体,各项法律规范相互联系、相互衔接,共同构成了一个完整的法律体系。根据法律规范的制定主体和效力等级,建设工程法律体系可以分为不同的层次,如宪法、法律、行政法规、部门规章等。

建设工程法律体系涉及工程建设的各个环节和方面,具有较强的专业性和技术性。建设工程法律体系应适应社会发展和建设工程实践的需要,不断进行调整和完善。

建设工程法律体系的建立和完善,对于保障建设工程的质量安全、维护市场秩序、保护当事人合法权益具有重要意义。同时,它也为建设工程领域的法学研究和法律实践提供了基本的框架和依据。

(二)建设工程相关法律法规

1.《建筑法》

《建筑法》由中华人民共和国第八届全国人民代表大会常务委员会第二十八次会议于1997年11月1日通过,中华人民共和国主席令第91号公布,经过2011年的第一次修订和2019年的第二次修订,共八章八十五条。

《建筑法》是我国规范建筑活动的重要法律。该法通过明确建筑市场主体的权利和义务,保障建筑市场的公平竞争,防止不正当竞争和违法行为。强调建筑工程的质量和安全标准,促使建筑企业加强质量管理和安全生产,保障人民群众的生命财产安全。鼓励技术创新,提高建筑工程的效益和效率,推动建筑行业的可持续发展。规定建筑企业对职工的劳动保护和福利待遇,保障建筑工人的权益。

《建筑法》的主要内容包括建筑许可、建筑工程发包与承包、建筑工程监理、建筑安全生产管理、建筑工程质量管理等方面。它对建筑活动的各个环节进行了规范,明确了各方主体的责任和义务。同时,《建筑法》还对建筑工程的竣工验收、法律责任等做出了具体规定。

《建筑法》的实施,对于规范建筑市场行为、保障工程质量安全、推动建筑行业发展起到了重要的作用。建筑企业和从业人员都应该严格遵守《建筑法》的规定,确保建筑活动的合法性和规范性。

2.《招标投标法》

《招标投标法》是为了规范招投标活动,保护国家利益、社会公共利益和招投标活动当事人的合法权益,提高经济效益,保证项目质量制定的法律。《招标投标法》由第九届全国人民代表大会常务委员会第十一次会议于 1999 年 8 月 30 日通过,自 2000 年 1 月 1日起施行。2017 年 12 月 27 日第十二届全国人民代表大会常务委员会第三十一次会议对其进行了修订。

《招标投标法》的主要内容包括总则、招标、投标、开标、评标、中标、法律责任等方面。它规定了招标投标的程序和要求,明确了投标人、招标人、评标委员会等各方的权利和义务。这部法律对于维护招投标市场的秩序、保障公平竞争、提高公共采购的效率和透明度具有重要意义。同时,它也为招投标活动提供了法律保障,促进了经济的健康发展。

通过招投标,业主可以选择最具实力和经验的承包商来承担建设工程项目。这样可以提高工程的质量,确保工程按照预期的标准和要求进行建设。招投标过程中的竞争可以促使承包商提供更有竞争力的报价,有助于控制工程项目的成本。同时,《招标投标法》要求明确合同条款和价格,有助于避免后续的纠纷和产生额外费用,也有助于确保工程项目的顺利实施,保护各方的合法权益,促进建筑行业的可持续发展。

3.《民法典》第三编

《民法典》是中华人民共和国成立后第一部以法典命名的法律,在法律体系中居于基础性地位,也是市场经济的基本法。2020年5月28日,第十三届全国人民代表大会第三次会议表决通过了《民法典》,自2021年1月1日起施行。《婚姻法》《继承法》《民法通则》《收养法》《担保法》《合同法》《物权法》《侵权责任法》《民法总则》同时废止。《民法典》共七编一千二百六十条,各编依次为总则、物权、合同、人格权、婚姻家庭、继承、侵权责任,以及附则。

《民法典》第三编合同(以下称《民法典》合同编)中的建设工程合同章节,对建设工程领域的合同关系进行了规范和调整。这一部分主要涉及建设工程合同的订立、履行、变更、转让、解除等方面的规定,包括工程勘察、设计、施工合同等。它明确了建设工程合同双方的权利和义务,保障了工程的质量和安全,有助于合同的履行和纠纷的解决。《民法典》合同编规定了建设工程合同的形式、内容、价款支付、工期、质量标准等重要条款。同时，对于工程的验收、保修责任、违约责任等也有具体的规定。

《民法典》合同编还对建设工程合同中的分包、转包等行为进行了规范，强调了承包人的资质和承揽工程的合法性。这些规定有助于维护建筑市场的秩序，保障工程建设的顺利进行，保护当事人的合法权益。

《民法典》合同编对于建设工程合同的重要规定如下：

　　第七百八十八条　建设工程合同是承包人进行工程建设，发包人支付价款的合同。建设工程合同包括工程勘察、设计、施工合同。

　　第七百八十九条　建设工程合同应当采用书面形式。

　　第七百九十一条　发包人可以与总承包人订立建设工程合同，也可以分别与勘察人、设计人、施工人订立勘察、设计、施工承包合同。发包人不得将应当由一个承包人完成的建设工程支解成若干部分发包给数个承包人。总承包人或者勘察、设计、施工承包人经发包人同意，可以将自己承包的部分工作交由第三人完成。第三人就其完成的工作成果与总承包人或者勘察、设计、施工承包人向发包人承担连带责任。承包人不得将其承包的全部建设工程转包给第三人或者将其承包的全部建设工程支解以后以分包的名义分别转包给第三人。

第七百九十二条 国家重大建设工程合同,应当按照国家规定的程序和国家批准的投资计划、可行性研究报告等文件订立。

第七百九十三条 建设工程施工合同无效,但是建设工程经验收合格的,可以参照合同关于工程价款的约定折价补偿承包人。建设工程施工合同无效,且建设工程经验收不合格的,按照以下情形处理:

(一)修复后的建设工程经验收合格的,发包人可以请求承包人承担修复费用;

(二)修复后的建设工程经验收不合格的,承包人无权请求参照合同关于工程价款的约定折价补偿。

4.《安全生产法》

《安全生产法》由中华人民共和国第九届全国人民代表大会常务委员会第二十八次会议于 2002 年 6 月 29 日通过,自 2002 年 11 月 1 日起施行。后历经 2009 年、2014 年、2021 年三次修订。

《安全生产法》的立法目的是加强安全生产工作,防止和减少生产安全事故,保障人民群众生命和财产安全,促进经济社会持续健康发展。该法主要规定了生产经营单位的安全生产保障、从业人员的安全生产权利和义务、安全生产的监督管理、生产安全事故的应急救援与调查处理以及法律责任等方面的内容。

建设工程是安全生产的重点领域之一。《安全生产法》对建设工程的安全生产有重要的指导和规范作用。在建设工程中,施工单位、建设单位、监理单位等都需要严格遵守《安全生产法》的规定,确保施工过程中的安全。施工单位要落实安全防护措施,保障工人的安全;建设单位要提供安全的施工环境和条件;监理单位要对施工过程中的安全进行监督和检查。《安全生产法》的实施有助于提高建设工程的安全水平,保障工人的生命安全,促进建设工程的顺利进行。

5.《建设工程质量管理条例》

《建设工程质量管理条例》是 2000 年 1 月 30 日由中华人民共和国国务院令第 279 号发布的,自发布之日起施行。它是我国建设工程质量管理的重要法规,对保障建设工程质量、维护人民群众生命财产安全具有重要意义。该条例对建设工程的各个环节进行了规范,包括勘察、设计、施工、监理等,确保工程质量符合要求。2017 年 10 月 7 日进行第一次修订,2019 年 4 月 23 日进行第二次修订。这次修订是根据《建筑法》《建设工程勘察设计管理条例》等法律、行政法规进行的。

修订后的《建设工程质量管理条例》进一步强化了建设单位的首要质量责任,明确了建设单位对建设工程质量承担的责任;还完善了建设工程质量保修制度,明确了建设工程在保修范围和保修期限内发生质量问题的,施工单位应当履行保修义务,并对造成的损失承担赔偿责任。这次修订有助于更好地保障建设工程质量,维护建筑市场秩序,促进建筑业健康发展。

6.《建设工程安全生产管理条例》

《建设工程安全生产管理条例》于 2003 年 11 月 12 日经国务

院第二十八次常务会议通过,自 2004 年 2 月 1 日起施行。该条例主要内容是规定了建设单位、勘察单位、设计单位、施工单位、工程监理单位等在建设工程安全生产中的责任和义务。其要求建设工程参建各方建立健全安全生产管理制度,加强安全教育培训,制订安全施工方案,保障安全生产投入等;对施工现场的安全防护、临时用电、施工机械设备等方面做出了具体规定,确保施工现场的安全生产条件;明确了政府主管部门对建设工程安全生产的监督管理职责,包括审查、检查、执法等;对违反《建设工程安全生产管理条例》的行为,规定了相应的法律责任。

7.《安全生产事故报告和调查处理条例》

《生产安全事故报告和调查处理条例》于 2007 年 4 月 9 日由国务院第 493 号令公布,自 2007 年 6 月 1 日起施行。该条例的主要内容包括事故报告、事故调查、事故处理、法律责任等方面。它明确了生产安全事故的报告程序和时限要求,规定了事故调查的组织和程序,明确了事故责任的认定和处理方式,以及对违法行为的处罚措施等。

对于建设工程来说,《生产安全事故报告和调查处理条例》的实施促使建设工程相关单位加强安全管理,落实安全生产责任制,预防事故的发生。该条例规范了事故报告的程序和要求,确保事故能够及时上报,以便及时采取应急措施,减少事故损失。事故调查方面的规定有助于查明事故的原因和责任,为改进安全管理提供依据。对事故责任单位和责任人进行追究,能够起到警示和教育作用,提高相关单位和人员的安全意识,同时保障了事故受害者的合法权益,确保他们得到合理的赔偿和救助。《生产安全事故报告和调查处理条例》对于加强建设工程的安全管理、保障人民群众生命财产安全具有重要的意义。

(三)建设工程相关法律法规的适用

1.项目规划与设计

法律法规对建设工程的规划与设计有一定的要求,如建筑防火规范、结构安全标准等。项目规划与设计是项目实施的重要前期工作。它涉及对项目目标、范围、任务、时间、资源等方面的系统规划和设计。在项目规划与设计阶段,需要遵循相关法规,确保项目的合法性和安全性。项目规划与设计的法律适用涉及多个法律领域。

建筑法规对建筑物的设计、施工和使用有具体要求,如建筑结构安全、防火规定、卫生标准等。项目规划与设计必须符合当地建筑法规,确保建筑物的合法性和安全性。

环境保护法规要求项目规划与设计考虑环境影响,包括污染控制、生态保护、资源利用等。项目规划与设计应遵循相关环保标准,减少对环境的负面影响。

土地使用法规规定了土地的用途、容积率、建筑高度等。项目规划与设计必须在法律规定的土地用途范围内进行,遵守相关土地利用规划。

规划法规涉及城市规划、区域发展规划等。项目规划与设计应与当地的规划要求相一致,符合城市总体规划和专项规划的目标。

如果项目涉及创新设计或技术,由于知识产权法规保护创新成果的合法性和独占性,项目规划与设计过程中应注意保护知识产权,避免侵权行为的发生。

项目规划与设计通常涉及与客户、承包商、供应商等的合同关系。合同法规规范了合同的订立、履行、变更和纠纷解决等方面,确保各方权益得到保障。

安全法规要求项目规划与设计考虑工作场所的安全措施,保障工人和公众的生命安全。设计中应包含必要的安全设施和防护措施。

法律规定是项目规划与设计的重要依据,遵循法律要求可以确保项目的合法性、安全性和可持续性。对于具体项目,法律工作者还需要根据相关法律法规的具体内容进行详细的法律分析和论证。

2.招投标与合同签订

建设工程的招投标过程和合同签订应符合法律法规的要求,如招标程序的公正性、合同条款的合法性等。这有助于保障各方权益,避免纠纷。

《招标投标法》规定了招投标的基本原则、程序和要求。对于建设工程项目的招标,应当遵循公开、公平、公正和诚实信用的原则,确保招标过程的透明度和竞争的公正性。

《民法典》是建设工程合同签订的主要法律依据。其中的合同编对合同的订立、履行、变更、解除等方面做出了具体规定。建设工程合同应当明确双方的权利和义务,包括工程范围、质量标准、价款支付、工期等重要条款。

《建筑法》对建筑活动进行规范,包括建筑工程的发包与承包、建筑工程质量与安全等方面。在招标和合同签订过程中,需要遵守《建筑法》的相关规定,确保工程的合法性和质量安全。

除此之外,不同地区可能有针对建设工程招投标和合同签订的具体规定,如招投标管理办法、合同范本等。这些地方规定可能对招投标程序、评标标准、合同备案等方面做出具体要求。另外,《反不正当竞争法》《消费者权益保护法》等,也可能在特定情况下适用于建设工程招投标和合同签订过程。

在进行建设工程的招投标和合同签订时,需要遵守相关法律法规的要求,确保招投标活动的合法性和公正性、合同的有效性和可执行性。同时,要注意法律法规的更新和变化,及时调整招投标和合同签订的策略和操作。

3. 施工过程

建设工程施工过程中的安全生产、质量控制等都受到法律法规的约束。施工单位需要遵守相关规定,确保施工现场的安全和工程质量。

安全生产方面的规定主要是《安全生产法》,该法明确了施工单位的安全生产责任,要求建立健全安全生产管理制度,加强安全教育培训,提供安全的施工环境和作业条件。《建设工程安全生产管理条例》规定了施工现场的安全管理要求,包括安全防护设施的设置、施工人员的安全操作规程、危险作业的审批等。其他如《职业病防治法》等,要求施工单位保障工人的职业健康,采取防护措施预防职业病的发生。

质量控制方面的规定主要是《建设工程质量管理条例》,该条例对建设工程的质量责任、施工质量控制、验收等方面做出了具体规定,强调了施工单位对工程质量的保证责任。建筑工程质量验收标准规定了工程质量的验收程序和标准,确保工程质量符合规定的要求。其他如对建筑材料的质量检测、工程监理等方面的规定,保障施工中使用的材料和施工过程符合质量标准。

这些法律法规制定的目的是确保建设工程施工过程中的安全生产,防止事故的发生,保障工人的生命安全;同时,保证工程的质量,确保建筑物的安全性和可靠性。施工单位必须严格遵守这些法律法规,制定并执行相应的安全生产和质量控制措施,加强监督检查,落实责任追究制度。政府监管部门也会对施工现场进行监督检查,对违法违规行为进行处罚,以维护建筑市场的秩序和公众的利益。

4.质量验收与保修

法律法规对建设工程的质量验收和保修有明确要求,保证工程质量符合标准,并在保修期内对质量问题进行处理。

根据《建设工程质量管理条例》,建设单位应当组织设计、施工、监理等有关单位进行竣工验收。验收应当符合工程建设强制性标准、设计文件和施工合同的要求。验收合格后,建设单位应当及时向建设行政主管部门或者其他有关部门备案,并将竣工验收报告、规划、消防、环保等部门出具的认可文件或者准许使用文件,报建设行政主管部门或者其他有关部门备案。对于竣工验收不合格的工程,不得交付使用,施工单位应当负责返修。

质量保修方面的规定主要也是《建设工程质量管理条例》。在正常使用条件下,建设工程的最低保修期限为:基础设施工程、房屋建筑的地基基础工程和主体结构工程,为设计文件规定的该工程的合理使用年限;屋面防水工程、有防水要求的卫生间、房间和外墙面的防渗漏,为 5 年;供热与供冷系统,为 2 个采暖期、供冷期;电气管线、给排水管道、设备安装和装修工程,为 2 年。

施工单位在保修期内应当履行保修义务,并对造成的质量缺陷承担责任。如果施工单位不履行保修义务,建设单位可以自行或者委托他人进行维修,维修费用由施工单位承担。

质量验收与保修是建设工程质量控制的重要环节,它们有助于确保工程质量符合要求,保护业主的合法权益。这些规定也促使施工单位在施工过程中严格控制质量,提高工程质量水平。在实际操作中,质量验收和保修可能会涉及具体的程序和标准。

5.环保与节能

现代建设工程注重环保和节能,相关法律法规对此也有具体规定,如施工中的污染防治、建筑节能标准等。施工现场应采取措施减少粉尘、废气的排放,如设置喷淋系统、覆盖裸露土体等。施工废水应经过处理达标后排放,避免对周边环境造成污染。施工过程中应限制噪声排放,采用低噪声设备、合理安排施工时间等。

对于建筑垃圾和施工废弃物,应进行分类、回收和妥善处理,减少对环境的影响。建筑设计和施工应符合国家和地方规定的节能标准,比如:提高围护结构的保温性能、采用高效节能设备等;鼓励在建筑中利用可再生能源,如太阳能、风能等,减少对传统能源的依赖;建立建筑能耗监测系统,对建筑的能源消耗进行实时监测和评估,以便采取节能措施。这些环保和节能规定制定的目的是减少建设工程对环境的负面影响,提高能源利用效率,促进可持续发展。

地方性法规,如珠海市住建局制定的《建设工程施工扬尘污染防治标准》规定,建设单位对施工扬尘污染防治负总责,应当将扬尘污染防治费用列入工程造价,在施工承包合同中明确施工单位扬尘污染防治责任,督促施工单位编制建设工程施工扬尘污染防治专项方案,并落实各项扬尘污染防治措施。施工单位具体承担建设工程施工扬尘污染防治工作,应针对项目特点及施工现场情况,制定扬尘控制实施方案,成立现场管理机构,配备专职人员,做好扬尘控制工作的实施与管理;应按照扬尘控制工作任务,制定详细的检查表格,每周进行扬尘控制检查,并做好检查记录,单独装订成册。

监理单位应将施工扬尘污染防治纳入监理范围,督促施工单位按照扬尘控制工作标准进行施工作业,及时制止不符合扬尘控制要求的行为,并报告建设单位和安监机构;应会同施工单位每周开展扬尘控制检查,发现问题后,应及时要求施工单位整改,整改完成后及时组织复查。

6.法律纠纷处理

当发生建设工程法律纠纷时,当事人需要依据相关法律法规进行处理,通过仲裁、诉讼等方式解决争议。如果纠纷较为简单、明确,且双方都愿意通过协商解决,可以考虑采用调解或和解等非诉讼方式。但如果纠纷复杂、涉及重大利益或法律问题,则可能需要通过仲裁或诉讼来解决。

双方的意愿和未来合作关系也是选择争议解决方式的重要考虑因素。如果双方希望保持良好的合作关系,仲裁可能是一个较好的选择,因为它相对较为灵活和保密。但如果双方关系已经破裂,或者一方坚决主张通过诉讼解决,那么诉讼可能是不可避免的。

仲裁通常比诉讼速度快、成本低,但具体情况可能因案件而异。双方需要考虑仲裁费用、律师费用以及可能的诉讼成本,并根据纠纷的紧急程度和经济效益做出决策。不同地区的法律法规和仲裁机构可能有所不同。了解当地的仲裁规则、仲裁机构的信誉和专业性,以及以往的裁决案例,有助于增强评估仲裁的可行性和效果。

诉讼是通过法院解决争议的方式,通常在仲裁无法解决或一方不愿意选择仲裁时采用。诉讼的过程相对较为正式和复杂,需要遵循法定程序和证据规则。法院会根据相关法律法规和案件事实进行审理,并做出判决。诉讼的优点是具有权威性和公正性,但可能需要较长时间和较高的成本。在处理建设工程法律纠纷时,选择仲裁还是诉讼取决于具体情况和双方的意愿。

(四)违反建设工程相关法律的后果

1.承担法律责任

根据法律规定,违法行为可能导致行政处罚,如罚款、责令改正、吊销资质等;严重的违法行为甚至可能构成犯罪,违法者面临刑事责任。建设工程领域的违法行为也不例外。

《建设工程质量管理条例》第六十条第三款规定:以欺骗手段取得资质证书承揽工程的,吊销资质证书,依照本条第一款①规定处以罚款;有违法所得的,予以没收。

《建筑工程施工许可管理办法》第十三条规定:建设单位采用欺骗、贿赂等不正当手段取得施工许可证的,由原发证机关撤销施工许可证,责令停止施工,并处1万元以上3万元以下的罚款;构成犯罪的,依法追究刑事责任。

还有一些地方性规范性文件,如内蒙古自治区交通运输厅发布的《对交通运输建设工程领域建设工程施工单位违法行为的处罚》规定依据《建设工程安全生产管理条例》第六十四条的规定进行处罚,其规定如下:施工单位有下列行为之一的,责令限期改正;逾期未改正的,责令停业整顿,并处5万元以上10万元以下的罚

---

① 《建设工程质量管理条例》第六十条第一款:违反本条例规定,勘察、设计、施工、工程监理单位超越本单位资质等级承揽工程的,责令停止违法行为,对勘察、设计单位或者工程监理单位处合同约定的勘察费、设计费或者监理酬金1倍以上2倍以下的罚款;对施工单位处工程合同价款2%以上4%以下的罚款,可以责令停业整顿,降低资质等级;情节严重的,吊销资质证书;有违法所得的,予以没收。

款;造成重大安全事故,构成犯罪的,对直接责任人员,依照刑法有关规定追究刑事责任:(一)施工前未对有关安全施工的技术要求做出详细说明的;(二)未根据不同施工阶段和周围环境及季节、气候的变化,在施工现场采取相应的安全施工措施,或者在城市市区内的建设工程的施工现场未实行封闭围挡的;(三)在尚未竣工的建筑物内设置集体宿舍的;(四)施工现场临时搭建的建筑物不符合安全使用要求的;(五)未对因建设工程施工可能造成损害的毗邻建筑物、构筑物和地下管线等采取专项防护措施的。

2.工程质量问题

工程质量问题是建设工程中一个非常重要的方面。违反法律法规可能导致工程质量不达标,存在安全隐患,对工程的使用寿命和安全性产生负面影响。如果建设工程设计不符合相关法律法规和标准,可能会导致结构不稳定、承载能力不足等问题,增加工程的安全风险。使用不合格或劣质的建筑材料可能影响工程的质量和耐久性,例如强度不够、容易腐蚀等。施工过程中违反操作规程或不按照标准施工,可能导致施工质量下降,如混凝土浇筑不均匀、焊接不牢固等。

缺乏有效的监督和管理,可能使工程中存在的问题得不到及时发现和纠正,进而影响工程质量。比如:在建筑结构的施工中,如果违反了相关的设计规范和施工标准,可能会导致建筑物的承重能力不足,容易发生坍塌等安全事故;在电气安装工程中,违反安全规定可能导致火灾隐患,对使用者的生命财产安全构成威胁。

为了避免这些问题,建设工程需要严格遵守法律法规和相关标准,加强质量管理和监督。同时,施工单位应承担质量责任,确保工程质量符合要求。如果发现工程质量问题,应及时采取措施进行整改,必要时可以追究相关责任方的法律责任。

3.承担经济损失

违法行为可能导致工程延误、成本增加等问题,给建设单位和施工单位带来经济损失。比如:使用不合格材料、施工不规范等,可能导致验收不通过,需要进行修复或返工,增加成本和时间;违反安全规定导致事故发生,不仅会影响工程进度,责任方还可能面临赔偿和法律责任,增加项目成本;违反合同约定,如拖欠工程款、擅自变更工程内容等,可能引发法律纠纷,影响工程进度和双方的经济利益。

4.企业声誉受损

违法行为可能会对建设单位、施工单位的声誉造成负面影响,影响其在市场上的竞争力。比如,一旦企业被处罚,就需要支付罚款。罚款数额根据违法行为的性质、情节、社会危害程度等因素而定,可能会对企业造成较大的财务压力。此外,行政处罚还可能导致企业失去一些业务机会,影响企业的经济效益。

企业一旦被处罚,就会被公众视为不遵守法律法规的企业,这会对企业的形象和声誉造成很大的损害。特别是在工程建设领域,企业的信誉是非常重要的,一旦信誉受损,可能会影响企业的业务拓展和客户信任度。

企业一旦被处罚,就需要对违法行为进行整改。企业需要投入大量的人力、物力和财力。同时,还需要加强对法律法规的学习和管理,以避免再次违法。这些都需要企业花费大量的时间和精力,影响企业的正常经营。

企业一旦被处罚,就会被列入企业信用记录,这可能会影响企业的融资、招投标等方面。同时,如果企业违法行为严重,可能会被吊销营业执照,甚至被追究刑事责任。这些都会对企业的发展产生不利影响。例如,某建设单位在项目中违反环保法规,导致环境污染,引发公众不满和投诉。相关部门对该建设单位进行了行政处罚,要求其整改并承担相应的罚款。这一事件导致该建设单位的声誉受损,其他潜在客户对其专业能力和社会责任产生怀疑,可能会选择其他合作伙伴。

5. 发生合同纠纷

在建设工程领域,违反合同约定和法律法规确实可能引发合同纠纷,并最终导致法律诉讼。这会给建设单位和施工单位增加经济和时间成本。建设工程合同通常包含了详细的条款和条件,规定了双方的权利和义务。如果一方违反合同约定,如未按照约定的时间、质量或标准完成工程,就可能引发纠纷。

在建设工程施工过程中,可能会出现工程变更或额外的工作量。如果双方对变更的范围、费用分配等问题无法达成一致,也容易引发合同纠纷。建设工程受到众多法律法规的约束,如建筑法规、环保法规等。违反这些法规可能导致罚款、停工等法律后果,进而引发纠纷。

在法律诉讼中,证据的收集和保全至关重要。这需要投入大量的时间和资源,包括文件整理、证人证言收集等。法律诉讼本身就是一个耗时耗力的过程,需要支付律师费、诉讼费等各种费用,增加了解决问题的成本。而且,诉讼过程可能会对建设单位和施工单位之间的商业关系造成不可逆的损害,影响未来的合作机会。例如,施工单位未按照合同约定使用指定的材料,导致工程质量问题。建设单位可能会要求施工单位进行整改或索赔,而施工单位可能认为责任不在自己。双方无法协商解决,最终可能不得不通过法律诉讼来解决争议。

二、法律对合同管理的重要性与约束

法律为建设工程合同的订立、履行和纠纷解决提供了明确的准则。法律规定了建设工程合同的形式、内容和签订程序,对建设工程合同的变更、解除等进行规范,明确了违约责任和赔偿标准等。

(一)法律对建设工程合同管理的重要性

1. 明确建设工程各方权利义务

明确权利义务是建设工程顺利进行的重要保障。建设工程领域有一系列的行业规范和标准,这些规范和标准也为明确权利义务提供了参考。遵循行业规范可以确保工程的安全性、质量和可持续性,同时也有助于维护行业的正常秩序。

建设工程通常涉及多个参与方,如业主、承包商、设计单位、供应商等。相关法律规定了建设工程合同的基本要素,如合同的订立、履行、变更和终止等,使各方能够清楚地了解自己的权利和义务,避免了因权利义务不明确而引发的纠纷。通过签订合同,各方可以明确彼此的权利和义务,包括工程的目标、质量标准、工期、价格、付款方式等。这样可以避免在工程进行过程中出现争议和纠纷。

依据法律规定,合同可以明确各方在建设工程中的责任界定。例如,承包商有责任按照合同要求进行施工,保证工程质量;业主有责任按时支付工程款;设计单位有责任提供符合规范的设计方案等。明确责任可以促使各方认真履行自己的职责,提高工程的质量和效率。

建设工程中存在各种风险,如工程变更、不可抗力等。在合同中明确权利义务可以规定风险的分配方式,例如在不可抗力情况下的责任分担、工程变更时的费用调整等。这有助于各方合理分担风险,减少不必要的损失。如果在建设工程中出现纠纷,明确的权利义务可以为解决纠纷提供合同依据。各方可以依据合同中的约定和法律规定来维护自己的权益,通过法律途径解决争议。

2.保障建设工程各方合法权益

法律是保护合同各方合法权益的重要保障。在建设工程中,法律规定了一系列的标准和要求,如建筑法规、安全标准、质量标准等。这些法律法规为合同各方提供了明确的指导,确保工程的合法性和合规性。建设工程中存在各种风险,如工程质量问题、安全事故、资金纠纷等。法律可以帮助各方合理分担风险,并规定相应的责任和赔偿机制。

建设工程合同是各方之间的法律协议,受到法律的保护。法律确保合同的签订、履行和争议解决都遵循法定程序和规则。这使得合同具有法律约束力,各方必须按照合同约定履行义务,否则可能面临法律责任。

建设工程行业通常受到政府部门的监管,法律为监管提供了依据。政府可以通过法律手段对工程项目进行审查、监督和执法,确保工程的安全性、质量和环境保护的合规性。建设工程涉及公共安全和社会利益。法律对工程的质量、安全等方面进行严格规定,保障了公众的生命财产安全。同时,法律保障了公共安全和社会利益,营造了良好的市场秩序,推动了建设工程行业的可持续发展。

3. 规范建设市场秩序

在建设工程领域,法律有助于规范市场秩序。它促进了公平竞争,防止不正当竞争和欺诈行为的发生,保障了市场的健康发展。

法律明确了建设工程合同各方的权利和义务,为合同的履行提供了法律保障。这有助于防止一方违反合同约定,保障工程的顺利进行,维护市场的正常秩序。

法律规定了建设工程领域的各项标准和规范,如技术标准、质量标准、安全标准等。这有助于统一行业标准,提高工程质量,保障公众安全,促进市场的公平竞争。

法律对建设工程领域的违法行为进行惩处,如欺诈、行贿、受贿等。这有助于打击不法行为,维护市场的公平正义,保护合法经营者的权益,营造良好的市场环境。

4.提供工程决策依据

法律在建设工程合同管理决策中起到了重要的参考作用。它有助于确保合同的合法性和有效性,合理分配风险和责任,以及在纠纷发生时提供有效的解决途径。当合同执行过程中出现纠纷时,法律提供了纠纷解决的途径和方法。法律规定了仲裁、诉讼等程序,为决策者提供了维护自身权益的手段。同时,法律的公正性和权威性也有助于保障纠纷解决的公正和效率。

法律规定了建设工程合同的订立、变更、解除等程序和要求,为建设工程合同的管理提供了明确的指导。在决策过程中,法律可以帮助确定建设工程合同的合法性、完整性和可执行性,确保合同各方的权益得到保障。

建设工程存在各种风险,如质量问题、安全事故、工期延误等。法律明确了各方在风险管理中的责任和义务,为决策提供了依据。合同各方依据法律,可以制定合理的风险防范措施,明确责任分配,降低潜在风险对项目的影响。

5.建立建设工程各方信任关系

遵循法律进行合同管理,能够增强各方之间的信任。各方都知道自己的权益有法律保障,从而更愿意履行合同义务,促进合作的顺利进行。

建设工程各方之间的透明沟通是建立信任关系的关键。及时、准确地传递信息,包括项目目标、进度、问题等,有助于减少误解和不确定性,增强各方之间的信任。

建设工程各方按照合同约定履行自己的义务是建立信任关系的重要基础。按时付款、保证工程质量、遵守安全规定等，都能体现出各方的诚信和责任感，进而增进彼此的信任。

在建设工程施工过程中，不可避免会遇到各种问题和挑战。各方应以合作的态度共同解决问题，寻找最佳解决方案。通过合作，各方能够建立起信任关系，共同推动建设工程项目的顺利进行。

(二)法律对建设工程合同管理的约束

1.合同形式与内容

法律规定了建设工程合同应当采用书面形式，并对合同的必备条款、格式等做出了具体要求，这是非常重要的。这确保了合同的合法性和有效性，约束了合同各方的行为。

建设工程涉及大量的资金、时间和资源投入，书面合同可以提供法律保障，确保双方的利益得到保护。合同的必备条款是确保合同完整性和有效性的关键。这些条款通常包括工程的范围、质量标准、工期、价格、付款方式等。明确的必备条款可以避免合同执行过程中的纠纷，使双方对工程的要求和期望有清晰的共识。同时，这些条款也为解决可能出现的争议提供了依据。

法律对建设工程合同的形式、必备条款和格式的要求，旨在保障工程的顺利进行、保护双方的合法权益、减少纠纷的发生。遵循这些要求可以提高合同的执行力和可操作性，为建设工程的成功实施奠定坚实的基础。

2.工程质量与安全

建设工程的质量直接关系到人们的生命财产安全和社会的稳定发展。因此,法律对建设工程的质量和安全标准进行了明确规定,如《建筑法》等。合同管理中必须遵守这些规定,确保工程质量达标、安全有保障。

法律对建设工程质量标准的规定通常包括建筑材料的质量、施工工艺的要求、工程验收的标准等。明确质量标准,可以确保工程的坚固性、耐久性和安全性,提高工程的质量水平。安全是建设工程施工的首要考量。法律规定的安全标准包括施工现场的安全管理、工人的安全防护措施、机械设备的安全使用等。这些安全标准的制定有助于预防事故的发生,保障工人的生命安全,减少工程建设过程中的风险。

为了确保质量和安全标准的有效执行,法律通常要求建设工程必须经过严格的监督和检验。这包括工程监理的职责、质量检测机构的监督、相关部门的审查等。同时,对于违反质量和安全标准的行为,法律也明确了相应的处罚措施,以促使各方严格遵守规定。

3.履行期限与违约责任

在建设工程合同中,明确约定履行期限是非常关键的。它规定了工程的开始和结束时间,以及各个阶段的时间节点。这样可以使双方对工程进度有清晰的预期,便于合理安排资源和工作计划。同时,明确的履行期限也有助于督促双方按时完成各自的义务,避免拖延和延误。

违约责任的约定是建设工程合同的重要组成部分。它明确了双方在合同履行过程中可能出现的违约行为及其后果。界定违约责任,可以促使双方认真履行合同,减少违约的发生。同时,当违约情况发生时,也有了明确的处理依据,保护了受损方的合法权益。

对于违约责任的执行,法律通常要求合同中约定具体的赔偿方式和标准。这有助于保障违约方承担相应的经济责任,同时也对其他合同方起到警示作用。此外,法律还可能规定了仲裁或诉讼等纠纷解决机制,以便在出现争议时能够及时、公正地解决问题。

4.工程变更与索赔

法律对工程变更和索赔的程序、依据等进行了规范,要求合同管理中按照法定程序进行变更和索赔,防止随意变更和不合理索赔。建设工程变更时,必须有充分的理由和依据,并要经过相关方的审批和认可。规范的变更程序可以防止随意变更,避免对工程进度和质量造成不必要的影响。

索赔是建设工程中常见的情况,但必须按照法定程序进行。法律规定了索赔的依据和要求,只有在符合规定的情况下,一方才能提出合理的索赔要求。这有助于防止不合理的索赔,保障合同的公平性和双方的权益。

合同管理在建设工程中起着关键作用。按照法定程序进行变更和索赔的要求,体现了合同管理的严谨性和规范性。通过有效的合同管理,可以确保工程变更和索赔的合法性和公正性,减少纠纷的发生,保障工程的顺利进行。

5. 资质与招投标

参与建设工程的单位必须具备相应的资质,这是保障工程质量和安全的基础。法律对资质的严格要求,能够确保只有具备专业能力和经验的单位才能参与工程,从而提高工程的质量和安全性。

招投标程序是选择合适的参与方的重要环节。法律对招投标程序的严格要求,能够保证竞争的公平性和透明度,防止不正当竞争和腐败行为的发生。这有助于维护市场秩序,确保资源的有效配置。

通过对参与方资质和招投标程序的严格要求,法律有效地规避了不具备资质的单位参与工程。这有助于防止低价竞标、转包等不良行为的发生,维护了建设工程市场的正常秩序,保护了合法参与者的利益。

6. 法律责任与处罚

建设工程法律明确规定了违反法律的行为所应承担的法律责任,使得各方对自己的行为有清晰的认知。知道违法后果的严重性,可以有效减少违法行为的发生,增强合同管理的规范性。

罚款、吊销资质等处罚措施具有较强的威慑力。这些严厉的处罚措施可以让违法者付出沉重的代价,同时也向其他潜在的违法者发出警示,促使他们遵守法律法规、加强合同管理。

违反建设工程法律的行为将承担相应的法律责任,严格的法律责任和处罚机制有助于保护合同各方的合法权益。当一方违反法律时,另一方可以通过法律途径寻求救济,获得相应的赔偿和补偿。这有助于维护合同的公正性和权威性。

第三章 《民法典》合同编对建设工程合同管理的影响

《民法典》合同编对建设工程合同管理具有重要的指导和规范作用,它有助于增强合同的规范性和权威性,为建设工程合同的订立、履行提供了明确的法律依据;同时,也促进了建设工程领域的法治化进程,提升了建设行业的规范程度。

一、民法基本原则在建设工程合同中的体现

民法基本原则在建设工程合同中主要体现为平等原则、诚实信用原则和公平原则等。这些原则贯穿建设工程合同的订立、履行及争议解决过程。它们有助于构建健康的市场秩序,保障工程质量和安全。

(一)平等原则在建设工程合同中的体现

1.建设工程合同双方地位平等

建设工程的发包方和承包方在法律上具有平等的地位,都有权自主参与合同的协商、签订和履行。

在建设工程的前期,发包方和承包方都有权自主参与合同的协商。他们可以就工程的范围、质量标准、工期、价款等重要条款进行充分的讨论和协商。双方都有平等的话语权,能够提出自己的要求和意见,以达成一个双方都能接受的合同协议。

在建设工程合同签订阶段,发包方和承包方具有平等的地位。他们都需要认真审查合同内容,确保合同条款符合法律法规的要求,并保障自身的权益。在签订合同的过程中,双方是平等的主体,都需要履行相应的义务。

在建设工程的实施过程中,发包方和承包方同样具有平等的地位。双方都需要按照合同约定履行自己的义务,如发包方按时支付工程款,承包方按照要求进行工程建设。如果出现问题或纠纷,双方可以通过平等的协商、调解或仲裁等方式解决,而不是一方占据绝对优势。

2.建设工程合同双方权利义务对等

建设工程合同双方的权利和义务应该是对等的,这样可以避免一方享有过多权利而承担过少义务的情况,从而促进建设工程合同的公平性和可执行性。

在建设工程合同中,双方应明确规定工程的范围和要求。发包方有权要求承包方按照约定的标准和质量完成工程,而承包方有权要求发包方提供必要的技术资料和支持。这种权利和义务的对应关系确保了工程的顺利进行。

建设工程发包方有义务按照合同约定及时支付工程款,而承包方有权利按照工程进度要求发包方支付相应的款项。这种对应关系有助于保证工程的资金流顺畅,同时也能激励承包方按时完成工程。

建设工程承包方有责任保证工程的质量符合合同约定,并承担相应的质量保证责任,而发包方也有权在工程质量不达标时要求承包方进行整改或承担相应的赔偿责任。这种权利和义务的平衡确保了工程质量的可靠。

3. 建设工程合同双方公平交易

建设工程合同的签订和执行应该基于公平的原则,双方应公平地分担风险和利益。这样的公平原则有助于建立稳定、可持续的合作关系,减少纠纷和矛盾的发生,提高项目的成功率。

在签订合同之前,双方应该对建设工程中可能面临的风险进行全面评估,根据风险的性质和影响,公平地确定双方应承担的风险责任。例如,对于不可预见的地质条件或市场波动等风险,应在合同中明确分担方式,避免一方承担过多的风险。

合同的条款应该公平合理,不应该偏向任何一方。制定合同条款时,应该充分考虑双方的利益和能力,确保双方在合同执行过程中都能够得到公平的对待。例如,合同价格的确定应该基于合理的成本和利润考虑,而不是单方面压制一方的利益。

建设工程的目标是实现双方的利益共享和共赢。在合同执行过程中,双方应该积极合作,共同努力实现项目的成功。当项目取得良好的经济效益时,双方应该按照公平的原则分享利益,从而促进长期合作关系的维系。

(二)诚实信用原则在建设工程合同中的体现

1.如实告知的义务

发包方应向承包方提供真实的工程信息和要求,承包方也应如实告知发包方自身的资质和能力。发包方和承包方之间的真实信息告知,有助于建立互信的合作关系,提高工程的成功率和质量。

建设工程发包方在招标或协商阶段应向承包方提供准确、完整的工程信息,包括工程的规模、技术要求、质量标准等。这样可以使承包方更好地了解工程的实际情况,进行准确的报价和施工计划。

承包方在参与工程投标或协商时,应如实告知自身的资质和能力。发包方可以通过对承包方资质的审核,确保选择到具备相应技术实力和经验的承包方,从而提高工程质量,保障工程的顺利完成。

真实的信息交流有助于建设工程双方进行合理的风险评估和管理。发包方了解承包方的实际能力后,可以更好地规划工程进度和预算;承包方了解工程的具体要求后,可以合理安排资源和制订施工方案,降低风险。

2.信守承诺的义务

建设工程合同双方都应严格按照合同约定履行自己的义务，不得擅自变更或毁约。遵守合同约定对于建设工程的顺利进行和双方的权益保护都至关重要。

建设工程合同是双方协商一致的结果，具有法律约束力。双方都应该认识到合同的重要性，严格按照合同约定履行义务，不得擅自变更或毁约。这是维护合同权威性和公正性的基础。

按照合同约定履行义务有助于确保工程的进度和质量。发包方按时支付工程款，承包方按照约定的时间和质量标准进行施工，能够保证工程的顺利进行，避免出现延误和质量问题。如果一方擅自变更或毁约，将会面临法律责任。这可能包括承担违约赔偿、工程延误责任等。因此，严格履行合同义务是避免法律纠纷和经济损失的重要保障。

3.合作守信的义务

在建设工程合同履行过程中，双方应保持良好的沟通和合作，共同解决问题，确保工程的顺利进行。

在建设工程合同履行过程中，双方应及时共享工程进展、问题反馈等信息。定期开展沟通会议、报告等，能够确保双方了解工程的实际情况，及时解决可能出现的问题。当遇到问题或挑战时，双方应共同协作，寻找解决方案。可以建立有效的问题解决机制，如成立专门的协调小组、制订应急预案等，以便快速、妥善地处理问题，避免影响工程进度。

建设工程合同双方应秉持合作共赢的理念，充分了解彼此的利益和需求。在合作过程中,双方应互相支持、互相配合,共同努力确保工程的顺利进行。建立良好的合作关系,能够提高工程的效率和质量。

(三)公平原则在建设工程合同中的体现

1.建设工程合同双方风险分担要公平

建设工程合同应明确规定双方在工程建设过程中承担的风险范围,使风险分担公平合理。在工程建设前期,双方需要共同全面识别和评估可能出现的各种风险。这包括但不限于政策法规变化、市场价格波动、自然灾害等外部风险,以及设计缺陷、施工质量问题、进度延误等内部风险。通过详细的风险识别和评估,双方可以更清楚地了解自身在工程建设过程中可能承担的风险范围。

建设工程合同条款要细化。合同条款应详细规定每种风险情况下双方的具体责任和义务。比如:对于不可抗力导致的工程延误或损失,应明确责任的界定和分担比例;对于工程变更带来的成本增加,应确定由哪方承担;对于工期延误的责任,应明确是由发包方还是承包方承担。通过细化这些合同条款,可以避免在风险发生时出现纠纷和争议。

除了明确风险分担,建设工程合同还应规定双方在面临风险时应采取的具体应对措施。这包括预防风险的措施,如完善的工程设计、严格的施工管理等;风险转移的措施,如购买保险等;以及风险减轻的措施,如及时调整施工计划、采取替代方案等。同时,合同中还可以约定在风险发生后,双方应如何共同协作,采取措施降低风险对工程的影响。

2. 工程价格要合理

工程价款应根据市场行情和工程实际情况进行合理确定,既要保障发包方的利益,也要考虑承包方的合理利润。在确定工程价款时,双方需要进行充分的市场调研,了解当前市场行情和类似工程的价格水平。根据市场行情,合理确定工程价款的上限和下限,为后续的谈判和协商提供参考。

对工程的实际情况进行详细评估,包括工程的规模、技术要求、施工难度、工期要求等。这些因素会直接影响工程的成本和利润,因此双方在确定价款时应给予充分考虑,同时,还需要考虑可能出现的变更和风险,预留一定的弹性空间。

在确定工程价款时,要兼顾发包方的利益和承包方的合理利润。发包方希望控制成本,确保工程质量和进度;承包方则希望获得合理的利润,以维持企业的正常运营和发展。通过合理的谈判和协商,找到双方都能接受的价格平衡点,既能保障发包方的利益,又能考虑承包方的合理利润。

3. 纠纷处理要公平

在发生建设工程合同纠纷时,应遵循公平的原则进行处理,保障双方的合法权益。在处理纠纷时,应首先依据相关的法律法规和合同条款。这些法律法规和合同条款是保障双方合法权益的基础,遵循公平原则就是要确保双方在法律面前平等,不偏袒任何一方。

对于建设工程合同纠纷的处理,必须以事实为依据。这需要对纠纷的原因、过程和影响进行全面、客观的调查和分析。在事实认定过程中,应保障双方都有充分的陈述和申辩的机会,确保信息的真实性和公正性。

在遵循公平原则的前提下,鼓励双方通过协商解决纠纷。协商可以避免烦琐的法律程序,节省时间和成本,同时也有助于维护双方的合作关系。如果协商无法解决问题,可以考虑通过仲裁或诉讼等法律途径解决,但在解决过程中也应遵循公平原则。

二、《民法典》合同编对建设工程合同订立、履行、变更等环节的规范作用

《民法典》合同编对建设工程合同的订立、履行、变更等环节起到了重要的规范作用,促进了建筑市场的健康发展,维护了市场秩序。相关主体应严格遵循《民法典》合同编的规定,确保建设工程合同的有效实施。

(一)建设工程合同的订立

1.明确建设工程合同双方的权利义务

《民法典》合同编规定了建设工程合同的必备条款,如工程范围、工期、质量标准、价款等,有助于明确双方的权利和义务,避免合同纠纷。

工程范围的明确包括详细描述建筑物的各个部分、工作的具体内容以及与其他相关工程的界面划分。例如,明确墙体的厚度、

地面的材料、管道的布局等细节,可以避免在施工过程中出现遗漏或重复工作。此外,界定与其他承包商工作的接口,如电气与空调系统的衔接,可以减少责任不清导致的纠纷。

在确定工期时,应考虑工程的规模、复杂程度、环境因素以及资源供应等因素。合同中可以规定各个阶段的时间节点,如基础工程完成时间、主体结构封顶时间等。同时,还可以设置一些弹性条款,以应对不可预见的情况,如恶劣天气或政策变化对工期的影响。

为了确保质量标准的明确性,可以在建设工程合同中列出具体的技术规范、检验标准和验收程序。例如,规定混凝土的强度等级、钢材的质量要求、防水工程的测试方法等。此外,约定质量保证期和维修责任,也可以促使承包商在工程竣工后对质量问题进行及时处理。

在建设工程合同中,明确价款也是非常重要的。这包括总价、单价、支付方式、支付时间等方面。明确价款可以避免双方在后期因为费用问题产生争议,同时也为承包商提供了进行预算的明确依据。由于建设工程可能会受到各种因素的影响,如工程量的变化、材料价格的波动等,因此建设工程合同中应该设立价款的调整机制。这可以根据实际情况对价款进行合理调整,保障双方的利益。

2. 保障建设工程合同的合法性

《民法典》合同编对合同的形式进行了明确规定,包括书面形式、口头形式等。这对于建设工程合同尤为重要,因为建设工程通常涉及大额资金和复杂的权利义务关系。明确合同形式要求有助于确保合同的订立过程合法合规,减少纠纷的发生。例如,要求建设工程合同采用书面形式,有助于明确双方的权利和义务,避免口头约定引起的争议。

《民法典》对合同内容也提出了具体要求,如明确合同的标的、数量、质量、价款或者报酬、履行期限、地点和方式等。在建设工程合同中,这些内容的明确规定能够保障工程的质量和进度,防止合同漏洞导致的纠纷。此外,《民法典》合同编还规定了当事人的一般权利和义务,为建设工程合同的履行提供了法律依据。

《民法典》合同编强调合同的合法性和有效性,要求建设工程合同不得违反法律、行政法规的强制性规定,不得违背公序良俗。同时,《民法典》合同编还规定了合同无效、可撤销等情形,为处理建设工程合同中的违法违规行为提供了法律手段。

3.规范建设工程合同招投标程序

对于需要进行招投标的建设工程项目,根据《民法典》合同编的相关规定,招标文件应当包含明确的合同条款、技术要求和标准等内容。这有助于确保招标过程透明、公正,使所有参与投标的单位都能在相同的条件下进行竞争。同时,规范的招标文件也为后续合同的签订和履行提供了基础,减少了纠纷的可能性。

《民法典》强调公平竞争原则,禁止招标人在招标过程中歧视或偏袒某些投标人。这要求招标人在评标过程中遵循公正、公平、公开的原则,对所有投标人一视同仁,确保投标过程的公平性和竞争性。这样可以吸引更多有实力的承包商参与投标,提高工程质量和效益。

《民法典》强调合同的履行和责任。一旦投标成功并签订合同,双方都需要严格按照合同约定履行义务。《民法典》合同编规定了合同双方的权利和义务,以及违约责任等内容。这有助于保障建设工程项目的顺利进行,促使双方认真履行合同,保证工程的质量、进度和安全。

(二)建设工程合同的履行

1.督促建设工程合同双方履行义务

《民法典》合同编规定了合同双方在履行合同过程中的义务和责任,如发包方按时支付工程款、承包方保证工程质量等,有助于督促双方履行合同,确保工程顺利进行。

按时支付工程款是发包方的重要义务。这不仅有助于保障承包方的合法权益,也能确保工程的顺利进行。如果发包方拖欠工程款,可能会导致工程延误、质量问题甚至合同纠纷。因此,《民法典》合同编明确发包方的支付义务,有助于维护建设工程市场的正常秩序。

承包方有责任保证工程质量符合合同约定和相关标准。这是保障建设工程安全可靠的关键。承包方应当按照国家规定和合同要求进行施工,使用合格的材料和设备,并严格执行质量控制措施。如果工程质量不达标,承包方可能要承担修复、赔偿等责任。

《民法典》合同编强调双方在履行合同过程中都应当秉持诚信原则。发包方和承包方应当如实履行合同约定,不得故意隐瞒或提供虚假信息。双方应当积极配合,共同推进工程的顺利进行。一方如果违反诚信原则,给对方造成损失,应当承担相应的违约责任。

2.处理建设工程合同违约情况

对于一方违反合同的情况,《民法典》合同编规定了相应的违约责任和救济措施,为受损方提供法律保护,维护合同的严肃性。

当一方违反合同时,根据《民法典》合同编的规定,应首先确定违约责任的归属。这需要审查违约行为的性质、严重程度以及对另一方造成的损失等因素。在建设工程领域,如发包方未按时支付工程款、承包方未能保证工程质量等都可能构成违约。

针对违约情况,《民法典》合同编提供了多种救济措施。对于建设工程合同来说,这些措施可能包括要求违约方继续履行合同、采取补救措施、支付违约金、赔偿损失等。具体的救济措施选择应根据违约的具体情况和对工程的影响来确定。

《民法典》合同编规定了损害赔偿的计算方法。在建设工程领域,损失可能包括工程延误造成的费用增加、质量问题导致的修复费用增加等。计算损害赔偿时,需要考虑违约行为与损失之间的因果关系、损失的实际发生情况以及可预见的原则等。

3.应对不可抗力对建设工程合同履行的影响

《民法典》合同编对不可抗力等特殊情况的处理进行了规定,明确了双方在不可抗力发生时的责任和权利,有助于合理分担风险。

《民法典》明确了不可抗力的定义和范围,包括自然灾害、社会异常事件等无法预见、避免和克服的客观情况。在建设工程领域，如地震、台风、洪水等自然灾害或政策变化等都可能被认定为不可抗力。

《民法典》规定，在不可抗力发生时，双方应根据不可抗力对合同履行的影响程度，合理分担责任。例如，当不可抗力导致工程延误或无法继续进行时，双方可以协商调整合同履行期限、价款等事项。

《民法典》合同编的规定鼓励双方在签订合同时，对可能发生的不可抗力情况进行预见，并约定相应的风险防范和应对措施。例如，购买保险、制订应急预案等，以减少不可抗力对建设工程的影响。

(三)建设工程合同的变更

1. 规范建设工程合同变更程序

书面通知是建设工程合同变更的重要环节。它确保了变更的明确性和可追溯性，避免了口头上的争议和误解。通过书面通知，双方能够清楚地了解到合同变更的内容和影响。

《民法典》合同编要求建设工程合同的变更经过双方协商一致。这意味着任何一方提出的变更建议都需要得到另一方的同意。协商一致的过程有助于确保变更符合双方的利益，避免一方单方面决定变更导致不公平的结果。

《民法典》合同编要求建设工程合同的变更遵循一定的程序，如书面通知、协商一致等，确保变更的合法性和公正性。

2.保护建设工程合同双方利益

在建设工程合同变更过程中,《民法典》合同编强调要保障双方的合法权益,防止一方通过变更条款谋取不正当利益。

《民法典》合同编要求变更条款公平合理,不得损害任何一方的合法权益。在建设工程领域,这意味着变更的目的应该是更好地实现合同目标,而不是让一方谋取不正当利益。变更工程范围或技术要求时,应确保双方在成本、工期和质量等方面的权益得到平衡。

《民法典》合同编强调变更过程应当透明,双方应充分了解变更的原因、内容和影响。在建设工程领域,发包方应当及时将变更的信息传达给承包方,并确保承包方有足够的时间和机会进行评估和响应。这样可以避免信息不对称导致的不公平情况。

3.解决建设工程合同争议

对于合同变更引起的争议,《民法典》合同编提供了相应的解决途径,如协商、仲裁、诉讼等,有助于及时解决纠纷,推动工程的正常进行。

协商是解决合同变更争议的首选途径。在建设工程领域,当合同变更引起争议时,双方可以通过友好协商来解决问题。例如,在工程进度受阻或成本增加等情况下,双方可以通过协商重新商定合同条款,调整工作计划或费用安排。通过协商,双方可以达成一致意见,减少争议对工程的影响,保障工程的正常推进。

如果协商无法解决争议,仲裁是一种有效的解决途径。仲裁具有快捷、高效的特点,相较于诉讼,它更加灵活和保密。《民事诉讼法》和《仲裁法》对仲裁的规定为建设工程领域的争议解决提供了法律依据。

诉讼是解决合同变更争议的最后手段。在无法通过协商和仲裁解决争议的情况下,当事人可以向法院提起诉讼。《民事诉讼法》对诉讼程序和法律适用进行了明确规定,保障了当事人的合法权益。

三、《民法典》合同编对建设工程合同纠纷解决的影响

《民法典》合同编为建设工程合同纠纷的解决提供了坚实的法律基础和保障,它明确了纠纷解决的依据和标准,强化了建设工程合同的法律效力,使双方在履行合同过程中更加明确自己的权利和义务,减少纠纷的发生。

(一)明确建设工程合同权利和义务

1.合同条款细化

《民法典》合同编要求建设工程合同的条款详细、明确,包括工程范围、质量标准、工期、价款等关键内容。这有助于避免出现合同条款的模糊性和不确定性导致的合同纠纷。

明确工程范围是建设工程合同中的重要内容。详细定义工程的具体范围,包括施工区域、工作内容、与其他工程的界面等,可以避免在工程实施过程中出现争议。例如,对于新建一栋教学楼的工程,合同中应明确基础工程、主体结构、装修工程等具体范围,以

及与周边道路、管网等的衔接责任。

质量标准是确保工程质量的关键。建设工程合同应明确规定工程的质量要求,包括采用的技术标准、验收程序、质量保证期等。这样可以使双方对工程质量有共同的认知和预期,减少因质量问题引发的纠纷。在建设工程领域,明确混凝土强度、钢材规格等质量标准,能够确保建筑结构的安全可靠。

工期的明确约定对于工程进度的控制和管理至关重要。建设工程合同应规定开工日期、竣工日期以及中间关键节点的时间要求,同时考虑可能影响工期的因素,如不可抗力等,并约定相应的处理方式。价款的明确规定包括工程总价、支付方式、结算方式等。这有助于避免出现价款支付问题导致的纠纷。明确工程款的支付节点和比例,以及变更工程的价款调整方式,可以有效保障双方的经济利益。

2.责任界定明确

《民法典》合同编对建设工程合同各方的责任进行明确界定,如发包方、承包方、设计方等在工程建设过程中的具体职责。这使得在纠纷发生时,当事人能够更准确地确定责任方,为解决纠纷提供依据。

发包方在工程建设过程中通常承担着提供项目资金、提供工程所需的场地和基础设施、审核和批准设计文件等重要职责。

承包方作为工程的实际执行者,其职责包括按照合同要求进行施工、保证工程质量、遵守安全规定、按时完成工程等。

设计方的职责主要包括提供合理的设计方案、参与工程施工过程中的技术指导、解决设计相关问题等。

3.风险分配合理

通过《民法典》合同编的规定,各方可以在合同中约定风险的分配方式,明确各自承担的风险范围。这有助于避免出现不可预见的情况导致的纠纷,并促使各方在建设工程合同履行过程中更加谨慎。

在建设工程施工过程中,可能会面临各种技术难题,如地质条件复杂、施工工艺要求高等。通过合同约定,明确各方在工程技术风险方面的承担责任,如由设计方承担设计缺陷导致的风险,或由承包方承担特定施工技术带来的风险。

建设工程所需的材料、设备价格可能会随市场波动而变化。在合同中约定价格调整机制或风险分担方式,可以有效应对市场价格波动带来的影响,降低成本风险。

不可抗力因素如自然灾害、政策变化等可能会对工程进度和费用产生影响。合同中应明确不可抗力的定义、范围以及发生不可抗力时各方的责任和应对措施,以减少不确定性。

(二)提供多元化的纠纷解决途径

1.协商的灵活性

协商是一种非诉讼的解决方式,双方可以通过直接沟通和协商,寻求双方都能接受的解决方案。这种方式具有灵活性,可以根据具体情况进行协商,避免了诉讼的烦琐和耗时。

2.仲裁的专业性

仲裁机构通常由专业的仲裁员组成,他们具有丰富的行业知识和经验。在建设工程合同纠纷中,仲裁的专业性能够确保裁决的准确性和公正性。

3.诉讼的权威性

诉讼作为最后的解决途径,具有权威性和强制性。法院的判决具有法律约束力,能够保障当事人的合法权益,并为类似纠纷提供明确的判例参考。

(三)强化法律责任和救济措施

1.违约责任明确

《民法典》合同编对违约责任的规定使违约方清楚知道自己可能承担的法律后果,从而促使其履行合同义务,减少违约行为的发生。

2.受害方救济途径多样

建设工程受害方可以根据具体情况选择解除合同、要求赔偿损失、请求支付违约金等多种救济措施,更好地保护自己的合法权益。

3.法律执行有力

强化法律责任和救济措施有助于增强法律的执行力,确保建设工程合同纠纷判决和裁决能够得到有效执行,维护法律的尊严和公正性。

第四章　建设工程合同管理中常见的法律问题

　　建设工程合同管理中常见的法律问题有主体资质问题、合同条款的完整性与合法性问题、变更与索赔问题、工期延误与质量问题等，这些问题可能导致合同纠纷，影响工程进度和质量。有效解决这些问题，有助于保障工程顺利进行，提高合同管理水平。

一、建设工程合同主体资质与法律责任

　　建设工程合同主体的资质与法律责任密切相关。主体资质是确保合同合法有效的关键因素。合同主体若无资质或超越资质承揽工程，将承担相应的法律责任。合同主体应严格遵守相关法律法规，确保具备相应资质。

(一)建设工程合同主体的资质要求

　　根据《建筑法》第二十六条、《建设工程质量管理条例》第二十五条、《最高人民法院关于审理建设工程施工合同纠纷案件适用法

律问题的解释(一)》第一条的规定,建设工程合同的承包人必须取得相应的资质才能承包建设工程。没有资质、超越资质、借用资质的行为均为无效行为。资质和执业资格证书是保障建设工程质量和安全的重要因素,各方应严格遵守相关法律规定,确保建设工程的合法性和可靠性。

1. 取得相应资质的重要性

根据相关法律规定,建设工程承包人必须取得相应资质才能承包建设工程,这凸显了资质在建设工程中的重要性。资质是承包人具备承接工程项目能力的证明,没有资质或超越资质的承包人可能缺乏必要的技术、经验和资金,从而影响工程质量和安全。

2. 无效行为的界定

对于建设工程承包人的资质,相关法律明确规定没有资质、超越资质、借用资质的行为均为无效行为。这意味着这些行为是不被法律认可和保护的,一旦发生纠纷,可能导致合同无效,承包人将面临法律责任和经济损失。

3. 对专业技术人员的要求

《建筑法》第十四条规定:从事建筑活动的专业技术人员,应当依法取得相应的执业资格证书,并在执业资格证书许可的范围内从事建筑活动。这保证了建筑活动的专业技术水平,有助于提高工程质量,保障公众安全。

(二)建设工程合同主体的法律责任

违反建设工程主体资质规定是导致建筑工程合同无效的主要

原因之一。根据相关法律法规,如《建筑法》第二十六条等,承包人必须具备相应的资质才能承揽工程。如果承包人没有资质、超越资质或借用资质,其签订的建筑工程合同将被视为无效。

合同无效会带来一系列法律后果。首先,建设工程合同双方的权利义务将无法得到法律保障,可能导致工程无法顺利进行或产生纠纷。其次,无效合同可能使承包人面临行政处罚和法律责任。此外,对于业主来说,可能会面临工程质量问题和安全隐患,造成经济损失。

为了避免合同无效,双方在签订建设工程合同时应严格审查对方的资质,确保合同的合法性和有效性。如果发现存在资质问题,应及时采取措施予以纠正,或寻求法律援助以维护自身权益。同时,政府部门也应加强对建设工程主体资质的监管,保障建筑市场的健康有序发展。

根据《最高人民法院关于审理建设工程施工合同纠纷案件适用法律问题的解释(一)》第一条,违反建设工程主体资质规定,导致建设工程合同无效的情形有:承包人未取得建筑业企业资质或者超越资质等级的;没有资质的实际施工人借用有资质的建筑施工企业名义的;建设工程必须进行招标而未招标或者中标无效的。

(三)建设工程合同主体的纠纷处理

1.承包商资质不够导致的纠纷

在建设工程领域,承包商的资质是确保工程质量和安全的重要保障。如果承包商资质不够,可能会导致工程质量不达标、发生安全事故等问题,从而引发纠纷。例如,承包商在没有相应资质的情况下承揽工程,或者超越自身资质等级承揽工程,都可能导致合同无效,引发法律纠纷。

2.无权代理与表见代理引发的纠纷

无权代理是指没有代理权的人以被代理人的名义实施的民事法律行为。表见代理是指行为人没有代理权、超越代理权或者代理权终止后,仍然实施代理行为,而相对人有理由相信行为人有代理权。在建设工程领域,无权代理与表见代理可能会导致合同主体的混乱,引发纠纷。例如,项目经理未经授权擅自签订合同,或者代理权终止后仍以代理人名义签订合同。

3.建设工程联合体承包导致的纠纷

建设工程联合体承包是指两个或两个以上的单位组成联合体,共同承揽工程项目。在联合体承包中,各成员之间的权利义务关系需要明确约定,否则容易引发纠纷。例如,联合体成员之间责任划分不明确,工程款分配不公。

4.挂靠问题产生的纠纷

挂靠是指没有资质的单位或个人,以有资质的施工企业的名义承揽工程的行为。挂靠行为违反了法律法规,可能导致工程质量低劣、安全隐患频发等问题,同时也容易引发纠纷。例如,挂靠方与被挂靠方之间的责任界定不清,工程款结算出现问题。

针对这些纠纷,相关方可以采取和解、调解、仲裁、诉讼等方式进行处理。在处理纠纷过程中,各方需要依据相关法律法规和合同约定,明确责任和权利,以维护合同的公正性和合法性。

二、建设工程合同条款的完整性与合法性

建设工程合同条款的完整性确保合同涵盖了所有必要的方面,明确了各方的权利和义务,避免遗漏和模糊。建设工程合同条款的合法性要求合同符合法律法规的规定,不得违反强制性规定。只有具备完整性与合法性的合同,才能有效保障各方权益,促进工程的顺利进行。

(一)建设工程合同条款的完整性

1.合同各方主体明确

建设工程合同必须明确各方的名称、地址、联系方式等基本信息,确保合同主体的明确性。这有助于在合同履行过程中准确沟通和界定责任。

2.工程描述详尽

建设工程合同要详细规定工程的名称、地点、范围、技术要求、质量标准等,使各方对工程内容有清晰一致的理解。详尽的工程描述有助于避免后期的争议和误解。

3.权利义务清晰

建设工程合同要明确各方在工程建设过程中的具体权利和义务,如发包人的付款义务、承包人的施工责任等。清晰的权利义务规定可以确保各方知晓自己的职责和权益。

4.违约责任明确

建设工程合同需界定违约行为的认定标准和违约责任的承担方式,为合同的正常履行提供保障。明确的违约责任条款有助于维护合同的严肃性和公正性。

5.争议解决方式明确

建设工程合同要约定争议解决的途径和方法,如仲裁或诉讼,为可能出现的纠纷提供明确的解决渠道。提前确定争议解决方式可以避免纠纷的扩大和拖延。

(二)合同条款的合法性

1.符合法律法规的规定

建设工程合同的条款应严格遵循国家相关法律法规的要求,不得违反强制性规定。这是确保建设工程合同有效性的基本前提。

2.公平公正原则

建设工程合同条款应体现公平公正原则,避免出现显失公平或歧视性条款。公平的合同条款有助于维护建设工程合同各方的合法权益,加强合作的稳定性和可持续性。

3.合同形式合法

根据法律要求,确保建设工程合同采用适当的形式,如书面形式或公证等。合法的合同形式可以增强合同的法律效力和可执行性。

(三)合同条款的可操作性

1.履行期限明确

建设工程合同要明确规定合同的履行期限和各个阶段的时间节点,便于合同各方合理安排工作计划。明确的合同履行期限有助于提高工程进度的可控性和效率。

2.价格和支付条款合理

建设工程合同要明确工程价款的计算方式、支付时间和方式,避免因支付问题引发纠纷。合理的价格和支付条款有助于保障合同各方的经济利益。

3.变更和调整机制灵活

在建设工程合同中,明确规定工程变更的程序和要求是非常重要的。灵活的工程变更程序应该包括变更的提出、审查、批准和实施等环节。甲方或乙方均可提出工程变更请求,但需经过相关方的审查和批准。为了适应实际情况的变化,合同中可以设定一定的变更权限和审批流程,同时明确变更的生效条件和对工程进度、质量等方面的影响。这样可以保证工程变更的合理性和可控性,同时减少不必要的纠纷。

建设工程往往还受到市场行情、劳动力成本、材料价格等因素的影响,采用合理的价格调整方法至关重要。在建设工程合同中,可以约定价格调整的触发条件、调整幅度和计算方式。例如,可以根据市场价格指数、工程进度或其他相关因素来调整价格。此外,还可以设定一定的调价周期,定期对价格进行评估和调整。合同中还应明确价格调整的程序和争议解决机制,以确保价格调整的公正性和透明度。

4. 不可抗力条款详尽

建设工程合同中应详细定义不可抗力事件的范围和应对措施,为应对不可预见的情况提供依据。详尽的不可抗力条款可以减少不可抗力对合同履行的影响。

三、建设工程变更与索赔的法律处理

建设工程变更与索赔需遵循法定程序,在规定时限内提出,并应按照合同约定进行价款调整和赔偿。若存在争议,可通过协商、调解、仲裁或诉讼解决。建设单位和施工单位应增强法律意识,规范变更与索赔行为。

(一)工程变更的认定与通知

在建设工程合同中,变更的认定通常需要依据合同约定的变更程序和条件。当发生工程变更时,一方应及时将变更的情况通知其他相关方,并提供详细的变更说明和依据。通知的及时性和准确性对于避免纠纷和保障各方权益至关重要。在建设工程领域,工程变更可能会对项目进度、成本和质量产生重大影响。及时通知可以使其他相关方有足够的时间做出相应的调整和安排,减少不必要的损失和延误。变更说明应包括变更的原因、内容、范围和对工程的影响等信息,这样,其他相关方能够全面了解变更的情况。同时,变更的依据应合法、合规,并且与合同约定的变更程序和条件相符合。准确的变更说明和依据可以增强变更的可信度和可接受性,减少争议的发生。

在建设工程领域,如果施工方发现设计图纸存在问题,需要进行变更,他们应立即将变更情况通知设计方、业主和监理等相关方。通知中应详细说明变更的具体内容和原因,并提供相关的证据和依据,如设计错误的证明、相关规范和标准的要求等。这样,其他相关方可以及时评估变更带来的影响,并采取相应的措施,确保工程的顺利进行。

如果变更通知不及时或说明不准确,可能会导致其他相关方的工作受到影响,甚至引发纠纷。例如:业主方未及时通知变更,可能会导致材料采购的错误或工程进度的延误;而变更说明不准确则可能使其他方对变更的理解产生偏差,影响工程质量。

(二)索赔的依据与证据

索赔是建设工程领域常见的情况。一方提出索赔时,需要有合法的依据和充分的证据支持。这些依据包括合同条款、法律法规、工程标准等。同时,索赔方还应提供相关的证据,如工程记录、签证、照片、报告等,以证明索赔的合理性和损失的真实性。

在建设工程领域,索赔的依据通常包括合同条款、法律法规和工程标准等。合同条款是索赔的重要依据之一,其中可能明确规定了索赔的条件、程序和赔偿标准等。法律法规也对建设工程领域的权益保护提供了法律保障,索赔方可以依据相关法律法规提出合理的索赔要求。此外,工程标准也是判断索赔合理性的重要依据,符合工程标准的索赔更容易得到认可。

施工合同中可能规定了不可抗力因素导致工期延误的索赔条款。如果施工过程中遇到了不可预见的自然灾害,如洪水、地震等,影响了工程进度,索赔方可以依据合同条款提出索赔要求。同时,相关的法律法规也可能对不可抗力的定义和处理方式做出规定,为索赔提供法律支持。

除了合法的依据之外,索赔方还需要提供充分的证据来支持其索赔。这些证据包括工程记录、签证、照片、报告等。工程记录可以证明工程的实际进展情况、质量状况以及与索赔相关的事件和措施。签证是由相关方签署的文件,用于确认工程中的变更、工作量或其他与索赔有关的事项。照片和报告可以直观地展示工程现场的情况,有助于证明索赔的事实和原因。例如,当建设方因工程质量问题提出索赔时,他们可以提供相关的检验报告、质量检测记录和照片等证据,以证明工程存在质量缺陷,并说明因此导致的损失和额外费用。这些证据对于索赔的成功至关重要,因为它们能够增强索赔的可信度和说服力。

(三)处理的程序与方式

建设工程变更与索赔的处理通常需要遵循一定的程序和方式。合同中应明确规定变更与索赔的处理流程,包括提出、审查、评估、协商和解决等环节。在处理过程中,各方应秉持公平、合理的原则,通过协商、调解或仲裁等方式解决争议。如果无法协商解决,可能需要通过法律途径解决。

在提出变更或索赔时,一方应按照合同约定的程序和要求,向相关方提交正式的申请或通知。申请中应详细说明变更或索赔的原因、内容、依据和要求等。由相关方对变更或索赔进行审查和评估,以确定其合理性和可行性。这可能包括对证据的审核、对工程影响的分析等。

在建设工程领域,当业主提出工程变更要求时,承包商应按照合同约定的程序,及时提交变更申请,并提供相关的依据和说明。业主则应对变更申请进行审查和评估,以确定是否批准变更。如果双方对变更的影响或费用等存在争议,可以通过协商、调解或仲裁等方式解决。如果最终无法解决,可能需要通过法律诉讼来解决争议。

四、工期延误与质量问题的法律责任

工期延误与质量问题在建设工程中较为常见。造成工期延误与质量问题的原因可能包括设计变更、资金不足、施工不当等。为明确法律责任,相关方应依据合同及相关法律法规进行判断。

(一)建设工程合同约定

建设工程合同通常会明确约定工期和质量标准,以及双方在工期延误与质量问题方面的权利和义务。如果一方违反合同约定造成工期延误或质量问题,另一方可以依据合同要求承担违约责任,如支付违约金、赔偿损失等。

(二)相关法律规定

除了合同约定之外,法律法规对建设工程的工期和质量也有相关规定。例如,《建筑法》等法律法规对建筑工程的质量标准、施工许可、竣工验收等方面做出了明确规定。如果违反法律法规造成工期延误或质量问题,相关责任方可能面临法律责任,如行政处罚、承担民事赔偿责任等。

(三)证据认定

在处理工期延误和质量问题的法律责任时,证据的认定至关重要。责任方需要提供充分的证据来证明工期延误或质量问题的原因和责任归属。这可能包括工程进度记录、质量检测报告、往来函件、会议纪要等。同时,对于非责任方来说,也需要及时收集和保留相关证据,以维护自己的合法权益。

例如,如果承包商未能按照合同约定的工期完成工程,导致工期延误,业主可以依据合同要求承包商承担违约责任。而如果工期延误是不可抗力等不可预见的因素导致的,承包商则可以依据法律规定进行抗辩。另外,如果工程存在质量问题,则需要通过质量检测等方式确定问题的原因和责任归属。如果是施工方的责任,他们可能需要承担修复或重建的费用;如果是设计或材料供应等其他方面的原因,相应的责任方也需要承担相应的法律责任。

第五章 建设工程合同的订立与生效

　　建设工程合同的订立与生效是建设工程项目实施的重要环节。合同的订立与生效是保障工程项目顺利进行的基础。依法订立并生效的建设工程合同,对双方具有法律约束力,双方应严格履行,这有助于维护市场秩序,保障双方的利益。

一、建设工程合同订立的程序与要求

　　建设工程合同订立需注重程序的规范性与要求的严格性。需明确合同主体,确保双方具备相应资质与能力。双方进行谈判协商,确定合同条款。双方要对合同进行审查,关注合同条款的合理性与合法性。

(一)要约与承诺

　　建设工程合同的订立通常经过要约和承诺两个阶段。要约是建设工程合同一方当事人向另一方提出订立合同的意思表示,承诺则是另一方当事人对要约的接受。在建设工程领域,发包方发布招标公告属于要约邀请。招标公告是向不特定的潜在投标人发出的,目的是邀请他们参与投标竞争,它只是表达了发包方有进行招标、选择承包方的意向,并不包含做出订立合同的明确意思表示。而投标才是投标人向发包方做出的要约,即希望与发包方订立合同的意思表示。当发包方确定中标人并发出中标通知书时,这通常被视为承诺。

(二)建设工程合同条款

建设工程合同条款应明确、详细,包括工程的范围、质量标准、工期、价格、付款方式、违约责任等重要内容。这些条款应根据工程的具体情况进行协商和确定,以确保双方的权益得到保障。此外,建设工程合同中还可能涉及特殊条款,如保险、保修、争议解决等。

(三)法律法规

建设工程合同的订立必须符合相关的法律法规。这包括国家和地方政府颁布的建筑法规、合同相关的法律法规等。建设工程合同的形式、内容和签订程序都应符合法律的要求,以确保合同的合法性和有效性。

在订立建设工程合同时,双方需要明确工程的具体范围,包括施工的具体内容、工程的质量标准等。同时,合同中应对工期进行明确约定,包括开工日期、竣工日期以及工期延误的责任等。另外,价格和付款方式也是合同的重要内容,需要明确约定工程的总价、付款节点和支付方式等。在订立合同过程中,双方应充分沟通、明确权利义务,并严格按照法律法规和合同条款执行。

二、建设工程合同生效的条件与效力

在订立建设工程合同时,应确保合同内容符合合同生效的条件,以充分发挥合同的效力,保障工程项目的顺利进行和当事人的合法权益。

(一)行为人具有相应的民事行为能力是合同生效的基本条件

在建设工程合同中,参与合同签订的各方,如建设方、施工方等,都应当具备法定的缔约能力。这包括具备完全民事行为能力或在法律规定的范围内具有缔约资格。

首先,合法注册的企业或个人具备法定缔约能力。这意味着建设方应当在法律规定的框架内运营,具备相应的法律地位和资质。合法注册的企业通常需要满足一定的注册资本、经营范围等要求,以确保有能力承担建设工程项目的责任和义务。个人参与建设工程合同签订时,也应当符合法律对个人缔约能力的规定。

其次,施工方应当具备相应的施工资质和技术能力。这是确保工程质量和安全的关键因素。施工资质通常包括对企业的资质等级、专业技术人员的配备、施工经验等方面的要求。只有具备相应资质的施工方才能保证工程的顺利进行,并符合相关的技术标准和质量要求。例如,在建设工程领域,建设方需要选择具有合法注册和良好信誉的施工企业,以确保工程的质量和进度。同时,施工方也需要通过不断提升自身的技术能力和资质水平,来满足建设工程的要求。

(二)意思表示真实是合同生效的重要前提

在建设工程合同中,双方的意思表示应当真实、明确,不存在欺诈、胁迫或重大误解等情况。这意味着合同条款应当是双方真实意愿的体现,并且双方对合同的内容和后果有清晰的理解和预期。

一方面,意思表示真实、明确是建设工程合同生效的重要基础。在建设工程合同签订过程中,双方应当诚实守信,确保所表达的意愿是真实的,不存在虚假陈述或故意隐瞒重要信息的情况。例如,建设方应当明确表达对工程质量、工期、价款等方面的要求,施工方也应当真实反映自身的技术能力和施工计划。

另一方面,清晰的理解和预期对于建设工程合同的履行至关重要。双方应当对合同的内容进行充分的沟通和协商,确保对合同条款的含义和后果有明确的认识。这包括对工程范围、质量标准、付款方式、违约责任等关键条款的理解一致。例如,双方可以通过详细的合同条款、技术规范和补充协议等方式,明确各自的权利和义务,减少潜在的误解和纠纷。

(三)建设工程合同还需要满足特定的基建程序要求

除了一般合同生效的条件之外,建设工程合同还需要满足特定的基建程序要求。这包括项目的立项、审批、规划许可、施工许可等程序。只有在符合这些基建程序的前提下,建设工程合同才能被认为是合法有效的。

首先,项目的立项和审批是建设工程合同生效的重要前提。项目在启动之前,需要经过相关部门的立项审批,以确保项目的合法性和可行性。这包括对项目的规划、用途、资金等方面进行审查,确保项目符合国家和地方的发展规划和政策要求。

其次,规划许可和施工许可也是建设工程合同合法有效的必要条件。获得规划许可证意味着项目的建设符合城市规划和土地利用的要求,获得施工许可证则意味着施工过程符合安全、环保等方面的标准。这些程序的执行有助于保障公共安全和利益,避免违法建设和施工带来的风险。

最后,符合基建程序要求能够保证建设工程的质量和顺利进行。通过严格的立项、审批、规划许可和施工许可等程序,可以对建设工程进行全方位的监管和控制。这有助于防止工程中的违规行为发生,确保工程按照规定的标准和要求进行建设,提高工程的质量和安全性。

(四)建设工程合同的法律效力

建设工程合同生效后,对双方具有法律约束力。双方必须按照合同约定履行各自的义务,否则可能面临违约责任。同时,合同生效也意味着双方可以依据合同主张自己的权利,如要求对方支付工程款、承担质量责任等。

如果建设工程合同存在主体不具备建筑活动主体资格、违反国家规定程序与国家批准计划、全部工程转包、全部工程以分包名义转包给第三人、总承包人私自将部分工程分包、分包单位再分包或分包单位无相应资质等情形,则合同可能无效。

三、建设工程合同订立中的法律风险与防范

建设工程合同订立中存在诸多法律风险,如合同主体不合格、条款不完备或模糊、违反法律规定等。有效防范法律风险,可减少纠纷,保障工程顺利进行,维护当事人的合法权益。

(一)承包方资质审查

发包方需要仔细核查建设工程承包方的资质和能力,确保其有足够的技术实力和经验来承担工程项目。这可以减少工程质量问题和降低延误的风险。

1.资质审查

发包方应当对建设工程承包方的资质进行全面审查,包括营业执照、专业资质证书、安全生产许可证等。确保承包方具备相应的资质,符合法律法规的要求,这是保障工程质量和工程顺利进行的基础。通过全面审查确保承包方在资质方面合法合规,从而降

低工程风险,保护发包方的利益。

律师首先要对建设工程承包方的营业执照进行审查。营业执照是企业合法经营的凭证,通过核实营业执照的真实性和有效性,可以确认承包方是否具有合法的经营资格。

建设工程通常需要特定的专业资质才能进行施工。发包方应仔细审查承包方的专业资质证书,确保其具备相应的工程承包资质,如房屋建筑工程施工总承包资质、市政公用工程施工总承包资质等。

安全生产是建设工程中的重要环节。发包方需要核查承包方是否持有有效的安全生产许可证,以证明其在安全生产方面符合国家规定,具备保障施工安全的能力。

2.技术实力评估

除了资质,发包方还需要评估建设工程承包方的技术实力。发包方可以考察承包方过去完成的工程项目,了解其业绩和口碑。通过查看承包方以往的工程质量、工程规模、完工时间等方面的情况,评估其在类似工程项目中的经验和能力。

建设工程承包方的技术团队是工程实施的关键。发包方可以了解技术团队成员的专业背景、资质证书和工作经验,判断他们是否具备所需的技术知识和技能,以确保工程的顺利进行。

先进的施工设备和熟练的技术能力对于工程质量和进度至关重要。发包方可以考察承包方的施工设备配备情况,以及其在使用这些设备方面的经验和技术水平。

3.风险防范措施

为减少工程质量问题和降低延误的风险,发包方可以建议建设方在合同中明确约定承包方的质量保证责任、工程进度计划和延误责任等。同时,发包方可以要求承包方提供相应的担保措施,如履约保证金或保函,以确保承包方能够按时、按质完成工程。

合同中可以约定具体的质量标准和验收程序,要求承包方承担质量问题的修复和赔偿责任,以确保工程质量符合要求。为了避免工程延误,发包方可以要求承包方制订详细的工程进度计划,明确各个阶段的任务和时间节点,要求承包方按照计划进行施工,并约定延误的责任和处罚措施,以督促承包方按时完成工程。

要求承包方提供履约保证金或保函可以增加其履行合同的约束力。双方可以在合同中明确担保的金额、形式和退还条件等,以保障发包方的权益,同时也确保承包方能够按时、按质完成工程和及时退回保证金。

(二)建设工程合同条款的完整性

建设工程合同双方应确保合同条款详尽且明确,包括工程范围、质量标准、工期、价款支付等关键内容,避免模糊或有歧义的表述,以减少潜在的纠纷。

1.明确工程范围

双方需详细描述工程内容和边界,防止产生额外费用和纠纷。双方应当在建设工程合同中详细列出建设工程的各项具体内容,比如建筑设计、施工工艺、材料选用等。通过明确工程内容,双方可以对项目有清晰的了解,避免在施工过程中出现不必要的误解和纠纷。

界定工程的边界也非常重要,这包括明确施工区域的范围、与周边环境的关系等。清晰的边界界定可以防止承包方超出约定范围进行施工,避免因此产生额外费用和责任纠纷。例如,在一个道路建设项目中,双方应明确道路的长度、宽度、路基厚度、路面材料等工程内容,同时界定道路建设的起止点、与周边建筑物或其他基础设施的边界。这样可以确保施工按照预期进行,减少不必要的争议和成本增加的风险。

2.规定质量标准

在建设工程合同中,明确质量要求是至关重要的。例如,对于一座桥梁的建设,质量要求可能包括桥梁的承载能力、耐久性、抗震性等方面。明确这些质量要求可以确保工程达到预期的性能和安全标准。

验收标准是判断工程是否合格的依据。例如,在建设工程领域,验收标准包括对建筑结构的稳定性、外观质量、水电安装等方面的要求。明确验收标准可以避免在工程验收时出现争议,确保工程质量符合合同约定。以房屋建设为例,合同应明确房屋的质量要求,如结构稳定性、防火安全、防水性能等。同时,规定详细的验收标准,包括验收的程序、方法和标准,以确保房屋质量符合预期。

3.把控工期与价款

在建设工程领域,合理的工期安排是项目顺利进行的关键。双方可以协助制订详细的施工计划,包括各个阶段的任务和时间节点。这样可以避免工期延误,减少对项目进度和成本的影响。

明确价款支付条款对于建设工程的顺利进行也非常重要。双方可以在合同中约定支付的时间、条件和方式,以保障各自的权益。例如,在一个大型水电站建设项目中,合理安排各个施工阶段的时间,如大坝浇筑、发电机组安装等,可以确保项目按计划完成。同时,明确价款支付方式和时间节点,如根据工程进度分期付款,可以保证建设资金的及时到位。这样的安排有助于项目的顺利进行,避免出现工期延误和资金问题导致的纠纷。

(三)符合法律法规的要求

建设工程合同双方要确保合同内容符合相关法律法规的要求,特别是建筑、环保、安全等方面的规定。违反法律法规可能导致合同无效或产生法律责任。

1. 建筑法规

双方需要确保建设工程合同中的建筑设计、施工工艺和材料使用等方面符合建筑法规的要求。

一方面,建筑设计必须符合建筑法规的要求。双方需要确保在建设工程合同中明确规定建筑设计的标准和规范,包括建筑结构的稳定性、防火安全等方面。这意味着设计方必须遵循相关的建筑法规和标准,确保建筑物的结构能够承受预期的荷载,具备防火隔离条件和逃生通道等。例如,建筑设计应符合防火规范,确保在建筑物发生火灾时能够保护人员的生命安全。又如,建筑设计还应考虑残疾人的无障碍需求,以满足相关法规的要求。

另一方面,施工工艺和材料使用也必须符合建筑法规。双方应确保在建设工程合同中详细说明施工过程中所采用的工艺和材料的质量标准。这包括但不限于施工过程中的质量控制、检验和验收程序,以及对所使用材料的合规性要求。例如,施工工艺应符合安全标准,以防止施工过程中的事故发生。同时,材料的选择应符合环保要求,避免使用有害物质,以保障人们的健康和环境的可持续性。

2. 环保法规

在建设工程领域,环保法规也是必须遵守的。首先,在施工过程中,双方需要确保建设工程合同中包含对污染控制的要求。这包括对施工现场的噪声、粉尘、废水和废气等污染物的限制和治理措施。例如,要求施工方采用低噪声设备、设置防尘网、合理处理施工废水等,以减少对周边环境和居民的影响。此外,还应鼓励采用环保型施工材料和工艺,减少对环境的污染。

其次,对于废弃物的处理规则也应在建设工程合同中进行明确约定。建设工程施工会产生大量的废弃物,如建筑垃圾、废弃物料等。双方应确保合同中有相应的废弃物处理方案,包括分类、回收和妥善处置的要求。这可以促进资源的回收利用,减少废弃物对环境的危害;同时,也可以鼓励施工方采用绿色建筑理念,设计和建造具有可持续性的建筑物。

3. 安全法规

安全是建设工程领域的重要问题。一方面,双方需要仔细审查建设工程合同中关于施工现场安全管理的规定。这包括但不限于安全防护设施的设置、施工机械和设备的安全操作、危险区域的标识等。建设工程合同应明确施工方对现场安全的责任和义务，要求他们制订并执行安全施工方案，定期进行安全检查和培训，确保施工现场的安全环境。此外，还应规定安全事故的应急预案和责任追究机制，以应对可能发生的意外情况。

另一方面，工人劳动保护也是关键。双方要关注建设工程合同中对工人个人防护装备的提供情况、工作时间和休息的安排、职业健康检查等方面的规定。这有助于保障工人的身体健康和安全，防止出现工作导致的伤害和疾病。同时，合同还应强调施工方对工人进行安全教育和培训的责任，提高工人的安全意识和自我保护能力。

(四)争议解决机制

建设工程合同应明确约定争议解决的方式和机构，如仲裁或诉讼。首先，建设工程合同要明确约定争议解决的方式可以为双方提供一个明确的指引。合同规定仲裁或诉讼作为争议解决的途径，能够使双方在纠纷发生时迅速采取相应的行动，避免出现犹豫和不确定感，有助于及时解决问题，避免纠纷的拖延和扩大。

其次，选择合适的争议解决机构也非常重要。仲裁机构或法院的专业性和公正性对于解决争议至关重要。建设工程合同应明确约定具体的仲裁机构或管辖法院，确保其具有相关的专业知识和经验，能够公正地处理建设工程领域的纠纷。这样可以提高双方对争议解决结果的信任度和接受度。

最后,明确约定争议解决方式和机构有助于保护双方的合法权益。通过仲裁或诉讼,双方可以依据法律和合同规定维护自己的权益,获得合理的赔偿或解决方案。这对于保障工程的顺利进行和经济利益具有重要意义。

第六章　建设工程合同的履行与变更

建设工程合同的履行与变更是项目实施中的重要环节。履行与变更直接影响工程质量、进度和成本。双方应严格按照合同约定和法律规定进行。履行与变更过程中,应注意保存相关证据,以应对可能的纠纷和索赔。

一、建设工程合同履行的原则与义务

建设工程合同履行的原则与义务至关重要。履行这些原则与义务,有助于维护合同的权威性和稳定性,保障工程质量和进度,减少纠纷。建设工程合同双方应强化合同意识,严格履行义务。

(一)严格遵守合同约定

建设工程合同是双方协商一致的结果,其中的条款和条件明确了双方的权利和义务。双方严格按照合同约定执行,有助于确保工程的顺利进行。在工程的质量标准、工期和价款支付等方面,双方都应严格遵守,这是保障工程质量、按时完成和维护各自经济利益的关键。

严格履行合同,可以避免纠纷的发生。如果双方都按照约定执行,那么能够减少不必要的争议和矛盾。例如,按照质量标准施工可以避免质量问题导致的纠纷,按时支付价款可以避免资金问题引发的纠纷。严格履行合同,有助于建立良好的合作关系,提高工程的效率和成功率。

(二)保障工程质量和安全

质量和安全是建设工程实施的核心要素。建设工程合同履行中,施工方有义务按照相关标准和规范进行施工,确保工程质量达标。同时,要采取必要的安全措施,保障施工过程中的人员安全和工程的稳定性。

1. 质量标准的重要性

质量是工程建设的关键,直接关系到工程的使用寿命和安全性。施工方按照相关标准和规范进行施工,是确保工程质量达标的基本要求。这包括但不限于使用合格的材料、遵循正确的施工工艺和质量控制程序。

使用合格的材料是确保工程质量的重要环节。然而,在实际施工中,可能会出现为降低成本而使用低质量或不合格材料的情况。这可能导致工程出现问题,如结构损坏、耐久性差等。正确的施工工艺对确保工程质量至关重要。然而,一些施工人员可能会忽略工艺细节,如焊接缺陷、连接不牢固等。这些细节问题可能在初期不明显,但在长期使用中会引发安全隐患。

虽然法律规定或合同约定有相关的质量控制程序,但在实际操作中可能存在执行不严格的情况。例如,检验和测试环节可能被忽视或敷衍了事,导致问题未能及时发现和解决。

另外,施工人员的专业素质和技能水平直接影响工程质量。施工人员如果缺乏必要的培训或经验不足,可能无法正确理解和执行相关标准和规范。有效的现场管理和监督对于确保工程质量也是至关重要的。然而,在一些情况下,现场管理可能存在漏洞,监督不到位,导致施工过程中的问题得不到及时纠正。

2. 安全措施的必要性

施工过程中的安全问题至关重要。在建设工程施工现场,设置必要的安全防护设施,如护栏、安全带、安全网等,可以有效地预防工人高处坠落、被物体打击等事故的发生。这些防护设施能够为施工人员提供物理上的保护,降低事故风险。

定期的安全培训,可以让工人了解安全操作规程、危险识别和应对方法等知识,提高他们的安全意识。具备安全意识的工人能够更加自觉地遵守安全规定,减少违章作业,从而降低事故的发生率。

制订详细的应急预案,包括事故发生后的应急响应、救援措施和协调机制等。在遇到突发情况时,参与各方能够迅速采取行动、组织救援,最大限度地减少人员伤亡和财产损失。同时,应急预案的存在也有助于提高施工现场的整体安全性。

3.质量与安全的关系

质量和安全是相辅相成的。高质量的施工可以减少安全隐患,而安全的施工环境有助于提高工程质量。通过将质量和安全紧密结合,施工方能够提高工程的质量和安全性,确保项目的顺利进行,并最终交付符合要求的成果。

首先,质量和安全是相互关联的。高质量的施工意味着遵循严格的标准和规范,这可以减少施工中的错误和缺陷,从而降低安全隐患的风险。例如,使用优质的材料和正确的施工工艺可以确保结构的稳定性,减少事故的发生。

其次,安全的施工环境对于提高工程质量至关重要。当工人在安全的条件下工作时,他们能够更加专注于施工过程,提高工程质量。此外,安全措施的实施可以防止事故对工程造成损坏,保证工程的完整性和质量。

最后,要统筹考虑质量和安全。施工方应将质量和安全视为一个整体,而不是分别对待。在规划和管理施工过程时,需要同时考虑质量和安全因素,制订综合的策略和措施。这包括培训工人、进行安全检查、控制质量等,以确保质量和安全目标的共同实现。例如,在桥梁建设中,高质量的焊接可以确保结构的稳固,减少坍塌的风险;而安全的施工平台可以让工人更好地进行作业,提高焊接质量。

(三)及时沟通与协调

建设工程通常涉及多个专业和部门,如设计师、工程师、施工队伍等。各方之间的良好沟通是确保工程顺利进行的关键。通过及时交流工程进展、问题和需求,各方可以更好地协调工作,避免出现重复劳动、误解和错误。

为了实现有效沟通,建设工程合同各方应建立相应的沟通机制。这包括定期的会议、报告制度、电子邮件或即时通信工具等。通过这些渠道,各方可以及时了解工程的最新情况,及时解决问题,避免问题的扩大化。例如,在大型建筑项目中,设计师与施工队伍之间的密切沟通可以确保施工的准确性和顺利进行,而定期的项目会议可以让各方共享信息,协调工作计划。

有效的沟通和协调有助于提高工程效率、减少纠纷,并确保工程按时、按质量完成。因此,在工程建设中,各方应高度重视沟通工作,并建立良好的沟通机制。

二、建设工程合同变更的程序与法律后果

建设工程合同变更的具体程序和法律后果可能会受到法律法规、合同条款和项目特点的影响。因此,在进行合同变更时,各方应严格遵循合同约定和法律规定,并确保变更过程的合法性和公正性。

(一)变更的提出

在建设工程合同履行过程中,任何一方都可以提出合同变更的请求。这一阶段的关键是确保变更请求的明确性和准确性,以

便各方能够充分理解和评估。

建设工程合同变更的申请文件中应详细描述需要工程变更的具体内容。这包括但不限于工程设计、施工方案、材料使用、工作范围等方面的变更。明确的内容说明有助于各方准确理解变更的范围和具体要求,避免模糊和歧义。例如,对于工程设计的变更,设计方应提供详细的图纸和技术说明,以确保施工方能够准确执行。

同时,工程变更请求应阐明变更的原因和可能产生的影响。这有助于各方评估变更的必要性和合理性,并进行相关的风险分析。例如,如果变更是由于技术限制或法规要求,变更一方应说明具体的原因和相关依据。此外,还应分析变更对工程进度、成本、质量等方面可能造成的影响,以便各方做出明智的决策。

(二)变更的审查与批准

1. 技术可行性审查

技术可行性是审查建设工程合同变更请求的重要方面。在审查变更请求时,技术团队需要评估变更对工程设计的影响。他们会考虑变更是否会改变原设计的结构、功能或性能。如果变更涉及重要的设计参数或技术规格,技术团队可能需要进行详细的计算和分析,以确保变更后的设计仍然符合工程的要求和标准。此外,技术团队还会考虑变更对与设计相关的其他方面,如施工难度、维护成本和可持续性的影响。

施工工艺和技术要求也是评估技术可行性的重要方面。技术团队会考虑变更是否需要采用新的施工方法、工艺或技术。他们会评估现有的施工设备和人员是否具备实施变更的能力,以及是否需要进行培训或引进新的技术。同时,还需要考虑变更对施工进度、质量控制和安全管理的影响,以确保施工过程的顺利进行。

2. 经济影响审查

经济因素也是审查的关键要点之一。相关方需要仔细评估变更对项目成本的影响。这包括直接成本,如材料、劳动力和设备的增加,以及间接成本,如管理费用和风险成本的上升。他们会考虑变更所需的额外资金投入,并与原预算进行比较。如果变更导致成本大幅增加,可能需要重新评估项目的经济可行性,并寻找降低成本的方法或调整项目范围。

除了成本,还需要考虑变更对项目效益的影响。这包括对项目收入、利润和投资回报的潜在影响。相关方会分析变更是否能够带来额外的收益,如提高项目的价值、满足市场需求或提升竞争力。同时,也需要考虑变更可能带来的风险和不确定性对效益的影响。

通过对项目成本和效益的综合评估,相关方可以更好地判断变更是否在经济上可行。他们可以权衡变更带来的成本增加与可能获得的效益,以做出明智的决策。

3. 变更的批准

在建设工程领域,某些变更可能受到法律规定的限制。例如,建筑规范、环保标准、安全法规等可能对项目的变更提出特定要求。变更如果涉及这些法律规定,必须确保符合相关法律的要求,否则可能导致项目无法通过审批或面临法律责任。因此,在进行变更前,需要对相关法律法规进行仔细研究和解读,以确保变更的合法性。

有些变更可能需要获得特定的批准,例如政府部门的许可、行业协会的认证或其他相关机构的审批。这些批准程序可能涉及提交申请、提供必要的文件和资料,并经过审查和审批过程。遵守这些批准程序是确保项目合法进行的关键步骤。未能获得必要的批准可能导致项目停工、罚款或其他法律后果。法律要求的遵守确保了项目的合法性和合规性,避免可能的法律风险和责任。

(三)变更的实施和法律后果

一旦建设工程合同变更得到有关机构及各方的批准,工程计划可能需要相应地进行修改。这包括调整施工进度、工序安排、资源需求等。修改工程计划需要综合考虑变更的影响和项目的整体目标,以确保工程的顺利进行和按时完成。

而且,合同变更可能导致资源分配的变化。例如,人力、材料、设备等资源的需求可能会发生改变。合理调整资源分配是确保变更实施的关键,相关方需要根据变更的具体情况进行资源的重新规划和调配。

由于合同变更可能涉及权利和义务的调整,因此可能需要重新协商合同条款。这包括修改价格、付款方式、质量标准、违约责任等方面的约定。重新协商合同条款需要各方充分沟通和协商,以达成一致意见并确保变更后的合同仍然合法有效。

在法律后果方面,建设工程合同变更可能会对合同的履行、责任的分配和争议的解决产生影响。如果变更导致了一方的损失或增加了成本,根据建设工程合同的约定和法律规定,变更一方可能需要通过协商或法律途径进行赔偿或调整。例如,如果变更导致了工程延误或质量问题,责任的分配可能需要进行重新界定。此外,合同变更也可能引发争议,因此,在变更过程中应妥善保留相关的证据和文件,以便在争议解决中提供依据。

三、建设工程合同履行中的纠纷处理与法律责任

在建设工程合同履行中,可能会出现纠纷。处理纠纷时,可采取协商、调解、仲裁或诉讼等方式。为避免纠纷,合同履行中应加强沟通、严格按约履行义务。同时,各方应增强法律意识,遵守法律法规,确保合同合法有效。

(一)合同条款的解释和适用

在处理建设工程合同纠纷时,首先需要对建设工程合同条款进行仔细的解释和适用。合同条款是双方协商一致的约定,对于纠纷的解决具有重要的指导作用。

首先应评估建设工程合同的法律效力,确保合同是合法、有效的。审查建设工程合同的签订过程是否符合法律规定,包括合同主体的资格、意思表示的真实性等。如果合同存在法律上的瑕疵或无效情形,当事人可以采取相应的法律措施,如修订合同或寻求

其他救济途径。

其次,应对建设工程合同条款进行细致的解读,分析其权利义务的约定、违约责任的界定以及争议解决机制等。关注合同条款之间的逻辑关系,确保条款的一致性和可操作性。还应考虑法律的强制性规定和行业惯例,以准确理解合同条款的含义和适用范围。

(二)证据的收集和保全

在解决纠纷过程中,证据的收集和保全至关重要。建设工程合同的履行过程中可能涉及众多的文件、记录和通信,如工程图纸、施工日志、验收报告等。各方应注重保存和整理与合同履行相关的证据,以便在纠纷解决过程中能够提供充分的证据支持自己的主张。

各方应密切关注建设工程合同条款中与证据相关的约定。合同中可能会明确规定证据的保存方式、责任分配以及证据在纠纷解决中的作用。各方依据合同条款,有针对性地收集和保全证据,以满足合同约定和法律要求。

在众多的文件、记录和通信中,各方当事人应筛选出与纠纷解决最相关、最有说服力的证据。通过对证据的分析和评估,确定其证明力和可信度,合理运用证据来支持本方的主张。同时,各方也应警惕对方可能提出的反证,并做好应对准备。

(三)法律责任的承担

根据建设工程合同的约定和法律规定,违约方需要承担相应的法律责任。这可能包括赔偿损失、继续履行合同、承担违约金等。在确定法律责任时,需要综合考虑违约的性质、程度以及给对方造成的损失等因素。同时,法律也规定了一定的抗辩和免责事由,如不可抗力等。因此,处理纠纷需要依法依规进行,确保责任的认定和承担公正合理。

第七章　建设工程合同的解除、终止和结算

建设工程合同的解除、终止和结算，是合同履行过程中的重要环节。解除或终止合同需遵循法定程序和合同约定。结算应依据合同约定的计价方式和标准进行。在解除、终止和结算过程中，双方应协商解决争议。

一、建设工程合同的解除

建设工程合同的解除通常需要依据一定的程序并经过审查，以确保解除的合法性和合理性。建设工程合同的解除是一项重要的法律行为，需要当事人谨慎处理。由于解除权的判断和行使具有较高的专业性，通常需要专业律师提供帮助，以便更好地处理和应对。

(一)合同解除权的行使

建设工程合同的解除权可由当事人协商一致行使，也可在约

定或法定的事由发生时,由解除权人行使。解除权是一种形成权,仅需通知对方,无须取得对方同意。在建设工程合同中,解除权是保障当事人权益的重要手段。合同双方当事人行使解除权时,要注重合法性、合理性和证据的充分性,以确保解除权的有效行使,并最大限度地保护本方的利益。同时,双方也应关注解除合同后可能产生的法律后果,为谨慎行使解除权做好充分的评估。

1.协商一致解除的自主性

在建设工程领域,当事人能够通过协商一致解除合同,这体现了双方的自主性和灵活性。双方应了解在建设工程施工过程中,情况可能会发生变化,导致原先的合同安排不再合适。通过协商解除合同,双方可以根据实际情况做出灵活的决策,以适应工程项目的需求。这种自主性使得当事人能够更好地控制局面,找到最适合双方的解决方案。

律师在这个过程中是至关重要的。律师会协助当事人进行谈判,确保协商过程合法合规。这包括审查合同条款、提醒当事人注意法律规定和潜在风险,并提供专业的法律建议。律师的参与有助于保障双方的权益,避免可能发生的法律纠纷。达成双方都能接受的解除协议,不仅可以解决当前的问题,还能维护双方的商业关系。

2.约定事由解除的预见性

在建设工程领域,由于项目的复杂性和不确定性,合同约定明确的解除事由可以让当事人对可能出现的情况有一定的预期。这有助于他们做出合理的规划和决策,减少不必要的风险和纠纷。

双方应强调约定解除事由的重要性，并确保其在合同中的明确规定。

合同双方应仔细审查建设工程合同条款，以确保约定事由明确、具体且符合法律规定。这包括审查解除事由的定义、触发条件和程序等方面。双方应确保这些约定事由在法律上是可执行的，并且与建设工程的实际情况相适应。通过细致的合同审查，明确并预判合同解除的风险。

当约定事由发生时，当事人应及时行使解除权，保护其合法权益。双方应评估情况，确定是否满足解除合同的条件，并采取适当的行动。同时应准备相关的法律文件和证据，以支持解除权的行使，并确保本方的权益得到最大限度的保护。

3. 法定事由解除的保障性

在建设工程领域，法定事由的存在为当事人提供了重要的保障。合同双方应熟悉相关法律规定，准确判断法定解除情形，依法行使解除权。这有助于维护公平正义，保护当事人在特殊情况下的权益。同时应仔细研究合同条款、法律法规和行业标准，以确定是否存在触发法定解除权的条件。一定的专业知识和经验能够帮助当事人及时发现问题，并采取相应的法律措施，保护自己的权益。例如，当一方严重违反合同约定，导致工程无法按期完成或质量不达标时，另一方可以依据法定事由解除合同，并要求赔偿损失。这使得当事人在面对不利情况时，有了法律的支持和保护。

(二)合同解除的效力

建设工程合同解除后,尚未履行的部分不再履行,已经履行的部分根据具体情况进行处理。解除合同具有溯及既往的效力,对已履行的合同产生恢复原状的效果。

1. 未履行部分的处理

在建设工程领域,合同解除后,双方不再承担未履行部分的义务和责任。这是基于法律的规定和合同的约定。一旦合同解除,承包商将不再有继续施工的义务,而业主也无须支付剩余的工程款。这种明确的责任划分有助于避免潜在的纠纷和争议。

对于承包商来说,不再继续施工可以避免不必要的资源投入。他们可以将人力、物力和财力转移到其他项目或业务上,提高资源的利用效率。对于业主而言,无须支付剩余的工程款可以有效控制成本和避免财务风险。这种资源的合理管理有助于提升工程项目的经济效益。

另外,合同解除有助于避免不必要的资源浪费和损失,从而实现风险控制。双方可以根据实际情况及时调整计划和安排,减少可能造成的损失。同时,这也保护了各自的利益,避免因继续履行合同而可能带来的更大风险和损失。

2. 已履行部分的处理

合同双方应根据具体情况对建设工程合同解除后已经履行的部分进行详细评估,包括工作质量、进度以及是否与合同约定相符。这需要对工程文件、报告和实际情况进行仔细审查,以确定已完成的工作是否符合合同要求。这种评估有助于明确双方的权益和责任。

如果已履行的部分符合建设工程合同要求,双方可以协商如何结算已完成的工作量和支付相应的款项。这可能涉及对已完成工作的计价、核算成本以及确定支付方式和时间。合理的结算和支付安排有助于保障承包商的权益,同时也能满足业主的需求。

如果发现已履行的部分存在质量问题或违反合同约定,双方应参与确定赔偿和修复责任。这可能需要进一步调查原因、评估损失,并根据合同条款和法律规定确定责任方。在解决质量问题和追究责任的过程中,律师应从维护双方合法权益的角度提出公平和合理的解决方案。

3. 溯及既往的效力和恢复原状

解除合同的溯及既往效力意味着将建设工程合同恢复到解除前的状态。在这一过程中,要考虑保护双方的利益。这可能涉及返还已支付的工程款项、确保双方得到公平的补偿等。

除了款项的返还,双方还会关注工程场地的交还和对已建设部分的处理。这包括确定拆除已建设部分的责任和方式,或确保场地恢复到原始状态。同时,双方应谨慎处理可能存在的不可恢复情况,如已使用的材料或造成的永久性损害。

在处理不可恢复的情况时,合同双方应依据法律框架寻找合理的解决方案。这可能涉及协商赔偿、寻求替代措施或依据法律规定进行责任分配。双方应在法律的范围内,寻求公平、合理的解决途径,最大限度地保护各自的权益。

（三）合同解除的限制

行使解除权应在法定或约定的期限内进行，否则该权利消灭。没有法定或约定解除权行使期限的，经对方催告后在合理期限内不行使的，该权利也消灭。根据《民法典》第五百六十四条的规定，在建设工程领域，行使解除权的期限有三种情况：一是在法律规定或当事人约定的期限内行使；二是在对方催告后的合理期限内行使；三是自解除权人知道或者应当知道解除事由之日起一年内行使。

1.法律规定或当事人约定的期限

如果法律或建设工程合同中明确规定了解除权的行使期限，当事人必须在该期限内行使解除权。否则，解除权将会消灭。例如，建设工程合同中可以规定在特定日期之前行使解除权，否则权利将消灭。

2.对方催告后的合理期限

如果没有法定或合同双方约定的解除权行使期限，经对方催告后，当事人必须在合理期限内行使解除权。合理期限的确定需要考虑具体情况，包括合同的性质、当事人的行为和交易习惯等因素。如果当事人在合理期限内未行使解除权，解除权将会消灭。

3.自解除权人知道或应当知道解除事由之日起一年内

如果没有法定或建设工程合同约定的解除权行使期限，并且对方没有催告，解除权人仍然有一定的期限来行使解除权。根据

《民法典》的规定,该期限为一年,自解除权人知道或者应当知道解除事由之日起计算。如果解除权人在一年内未行使解除权,解除权将会消灭。

二、建设工程合同的终止

建设工程合同的终止意味着双方约定的权利义务终结,可能涉及工程结算、质量保证等后续事宜。合同终止并不意味着责任的终止。若存在违约或违法行为,当事人仍需承担相应责任。终止合同应遵循法定程序和合同约定。

(一)合同终止的情形

建设工程合同终止的原因包括合同履行完毕、债务相互抵销、债务已按约定履行、债权人免除债务、债权债务同归于一人等。

1.合同履行完毕

当建设工程合同的所有义务都已经履行完毕,合同即终止。这意味着承包商完成了工程建设任务,业主也支付了相应的款项。在这种情况下,合同的目的已经实现,双方的权利和义务也得到了满足。

2.债务相互抵销或按约定履行

如果建设工程合同中存在债务相互抵销的情况,或者债务已经按照约定履行,合同也会终止。例如,业主可能通过其他方式抵销了部分或全部工程款,或者合同中约定了特定的履行方式,一旦履行完成,合同即告终止。

3.债权人免除债务或债权债务同归于一人

债权人免除债务或者债权债务同归于一人也是合同终止的情形。这可能发生在业主主动免除承包商的债务,或者承包商与业主合并为同一实体的情况下。在这些情况下,合同的履行不再具有必要性,因此合同终止。

需要注意的是,建设工程合同终止并不一定意味着所有问题都得到了解决。合同终止后,仍可能存在一些后续事项,如结算尾款、处理保修问题等。双方在处理建设工程合同终止时,需要确保所有相关事宜都得到妥善处理,以避免潜在的纠纷。

(二)合同终止的效力

合同终止后,建设工程合同双方的权利义务关系消灭,但不影响合同中结算和清理条款的效力。

1.双方权利义务关系的消灭

合同终止意味着双方在合同中约定的权利义务关系结束。建设工程合同终止也就标志着合同双方在合同条款下的权利义务关系终结。这意味着合同中的约定不再对双方具有约束力,双方不再有义务继续履行合同中约定的责任。

一旦建设工程合同终止,双方可能会失去某些特定的权利,同时也不再承担相应的义务。例如,承包商可能不再有权要求业主支付未完成工程量的工程款,而业主也可能不再有权要求承包商完成剩余的工程工作。

建设工程合同终止后,双方需要注意可能的法律后果和风险。例如,终止合同可能导致一方或双方承担违约责任,或者在某些情况下需要通过法律途径解决争议。

2. 工程结算和清理条款的效力

尽管建设工程合同整体终止,但其中的结算和清理条款仍然有效。结算条款涉及工程款的结算,包括工程进度款、竣工结算等。这些条款确保了承包商能够按时收到应得的款项,同时也保护了业主的利益,确保工程费用使用的合理性和透明度。清理条款通常包括质量保证、工程保修、违约责任的处理等内容。它们的存在有助于解决合同终止后的潜在问题,如工程质量问题的修复和责任的界定。

结算和清理条款的效力确保了合同双方在合同终止后仍能够公平地解决财务和责任问题。双方在处理工程结算和清理事宜时,应仔细审查相关条款,确保其符合法律规定和行业惯例。

3. 合同效力终止的重要性与法律保护

合同效力终止标志着合同关系的结束。在建设工程领域,合同的终止可能涉及工程的交付、款项的结算以及责任的分配等关键问题。

法律对建设工程结算和清理条款的效力提供保护,这是为了确保合同的公平性和合法性。合同双方应仔细审查这些条款,确保其符合法律规定和行业标准。这有助于防止一方利用合同终止来逃避其应承担的责任。

合同双方的合法权益应得到保障。如果一方违反结算和清理条款,另一方可以通过法律手段来维护自己的权益。这包括追讨欠款、要求赔偿损失等。法律保护为建设工程的顺利进行提供了重要的保障。

(三)合同终止的限制

建设工程合同终止后,当事人仍应遵循诚实信用原则,履行通知、协助、保密等后合同义务。

1.诚实信用原则的重要性

诚实信用原则是维护商业道德的基础。在建设工程领域,即使合同终止,各方也应始终遵循诚实信用原则,不得故意损害对方的利益,以确保工程的顺利进行和各方的合法权益得到保障。

遵循诚实信用原则可以减少潜在的法律纠纷。例如,在工程交接过程中,各方需要如实提供工程的相关信息,以便对方能够顺利接手。任何隐瞒或虚假陈述都可能导致后续问题,影响工程的进度和质量。

2.后合同义务的履行

通知、协助和保密等后合同义务是合同终止后的重要限制。例如,建设工程合同一方需要及时通知对方合同终止的事实,以便对方做出相应的安排。协助义务可能包括提供必要的文件或信息,以确保工程的顺利交接。保密义务则要求各方保护对方的商业秘密和敏感信息。

3.法律责任与风险防范

违反后合同义务可能会导致法律责任。在建设工程领域,如果一方未履行通知、协助或保密等义务,给对方造成了损失,那么对方可以通过法律途径追究其责任。如有专业律师提供法律帮助律师也应提醒当事人注意这些义务的重要性,并告知他们违反义务可能带来的法律后果。

为了避免可能的纠纷和法律责任,合同双方应制订相应的风险防范措施。这可能包括在合同中明确约定后合同义务的内容和履行方式,以及制订详细的交接流程和文件要求。此外,合同双方还应在合同终止后保持良好的沟通,及时解决可能出现的问题。

三、建设工程合同的结算

建设工程合同的结算是建设工程合同履行的重要环节,是对建设工程合同履行情况的最终确认。建设工程合同的结算涉及多方利益,需遵循公平、公正、合理的原则。结算的结果直接影响到工程价款的支付和各方的利益。

(一)合同结算的依据

建设工程合同的结算应依据合同约定进行。当事人应按照合同约定的价款、支付方式、支付时间等进行结算。在实际操作中,合同各方还需要关注合同的合法性、完整性以及可能存在的风险等问题,确保结算依据的充分性和可靠性。

1.合同约定的重要性

建设工程合同是结算的重要依据,它明确了各方在工程价款、支付方式、支付时间等方面的权利和义务。当事人必须严格按照合同约定进行结算,这有助于维护合同的权威性和公正性,避免产生不必要的争议。

2.合同价款的确定

合同约定的价款通常是建设工程结算的基础,它反映了各方在工程开始时对价款的共识。各方当事人应理解和明确合同价款的具体构成,这包括工程造价、材料费用、劳务费用等方面。这些构成要素通常在建设工程合同中有明确规定,当事人应对这些约定有清晰的认识。

在建设工程领域,变更或增加项目是常见的。当发生这种情况时,各方应依据合同约定的计价方式进行计算和确认。各方需要审查合同中关于变更和增加项目的计价条款,确保其合理性和可操作性。同时,各方当事人还应收集相关证据,如变更指令、签证等,以支持对价款的调整。在处理合同价款确定问题时,律师应确保合同各方当事人的权益得到保护,同时也要维护合同的公正性和合法性。

3.支付方式和时间的遵守

建设工程合同中约定的支付方式和时间直接影响到当事人的资金流动和工程进度。遵守这些约定有助于维护工程的正常进行和当事人的商业信誉。当事人应重视按时支付的重要性,以避免违约责任的产生。

在建设工程领域,支付问题可能会引发一系列连锁反应。如果对方未按约定支付,另一方当事人可以采取相应的法律措施。

这可能包括发送催款函、提起诉讼或申请仲裁等。利益受损一方当事人可以根据具体情况选择合适的维权途径,并确保当事人的合法权益得到保护。

(二)合同结算的程序

当事人应按照建设工程合同约定的程序进行结算。如有争议,可通过协商、调解、仲裁或诉讼等方式解决。不同的建设工程项目可能存在特殊情况,各方当事人在具体案件中需要结合实际情况进行分析和处理。

1.遵守合同约定的程序

在建设工程领域,合同是确定各方权利和义务的重要依据。当事人应当严格按照建设工程合同约定的结算程序进行操作,这有助于保证结算的公正性和合法性。各方当事人应了解并遵守这些程序,避免程序违规导致结算结果无效或产生不必要的纠纷。

2.争议解决方式的选择

如结算过程中出现争议,当事人可以通过协商、调解、仲裁或诉讼等方式解决。顾问律师应根据具体情况给当事人提供合理的建议,分析各种方式的优缺点和可能造成的结果,协助当事人做出明智的选择。一般来说,协商和调解成本较低、效率较高,但可能无法完全满足当事人的诉求;仲裁和诉讼则更具权威性,但成本和时间消耗也较大。

3.证据的收集和保全

在解决争议过程中,证据是关键。它可以支持当事人的主张,证明事实的真相。合同各方当事人应重视证据的重要性,应该明白只有通过充分的举证,才能在争议中获得有利的地位。

合同各方当事人应该明确如何收集与建设工程结算相关的证据,这包括建设工程合同、工程变更记录、验收报告、结算文件等。同时,各方当事人还应注意证据的合法性和关联性,确保收集到的证据具有法律效力。

充分的证据可以支持当事人的主张,提高胜诉的概率。为了防止证据的损毁或丢失,当事人可以采取适当的证据保全措施,包括对重要证据进行备份、封存或公证等。保全证据可以确保在争议解决过程中,当事人能够提供可靠的证据支持自己的主张。

(三)合同结算的效力

建设工程结算完成后,当事人应按照结算结果履行支付义务。如合同一方未履行,另一方可通过法律途径主张权利。

1.结算的法律效力

结算完成意味着双方对工程价款达成了一致,这是一种具有法律约束力的协议。根据《民法典》合同编的规定,当事人应当按照约定全面履行自己的义务。因此,结算结果对当事人具有法律约束力,双方都应遵守。

2.支付义务的履行

根据结算结果,一方有支付工程款的义务,这是建设工程合同的明确约定,也是建设工程合同的主要内容。负有付款义务的当事人应清楚了解自己的支付义务,并注意按时履行,以避免违约责任的产生。一方未履行支付义务,就构成了违约。根据《民法典》的规定,违约方应当承担相应的违约责任,如继续履行、采取补救措施或赔偿损失等。在建设工程领域,违约可能导致工程延误、利息损失等后果,这对双方都会造成不利影响。当事人应预测和分析违约后果的严重性,认真对待义务的履行。

3.法律救济途径

如果建设工程合同一方未履行结算后的支付义务,另一方可以通过法律途径主张权利。这可能包括向法院提起诉讼,要求违约方支付工程款及利息、承担违约责任等。此外,还可以通过仲裁、调解等方式解决争议。

第八章　建设工程合同的纠纷解决机制

建设工程合同纠纷解决机制旨在解决建设工程领域中合同双方之间的争议。解决纠纷过程中需遵循相关法律、法规和合同约定。合同双方在签订合同时应明确约定各自的权利义务,严格履行合同;同时,应加强建设工程合同管理,及时发现和解决问题,避免纠纷的扩大化。

一、协商、调解、仲裁与诉讼的比较与选择

在建设工程领域,选择合适的争议解决方式对于保护当事人的权益至关重要。合同双方当事人需要综合考虑相关因素,并根据具体纠纷和争议的情况选择最佳的解决方式。

(一)效率和成本

协商和调解通常较为高效且成本较低,能够快速解决争议,维护双方的合作关系。而仲裁和诉讼则需要花费更多的时间和金

钱,并且可能会对双方的关系产生负面影响。需要注意的是,具体情况可能因案件的复杂性、争议金额、双方的立场和意愿等因素而有所不同。在实际建设工程纠纷中,合同双方可以根据具体情况,综合考虑效率、成本和其他因素,为本方寻求最便捷最经济的解决方式。

1. 协商和调解的效率和成本优势

协商和调解通常可以在相对较短的时间内解决争议,避免了长期的法律程序和高昂的诉讼费用。通过协商和调解,双方可以保持对话和沟通,更容易达成双方都能接受的解决方案,有助于维护良好的合作关系,为未来的合作打下基础。在协商和调解过程中,双方可以更加灵活地探讨各种解决方案,同时可以保护商业秘密和敏感信息,避免被公开披露。

2. 仲裁的效率和成本考虑

与诉讼相比,仲裁程序通常较为简洁和高效,仲裁裁决做出的时间相对较短。仲裁通常由具有专业知识和经验的仲裁员进行裁决,能够提供相对独立和专业的判断。仲裁费用虽然较协商和调解高,但通常低于诉讼费用。

3. 诉讼的效率和成本问题

诉讼程序通常较为复杂,需要耗费大量的时间和金钱,包括律师费、诉讼费等。诉讼可能导致双方关系紧张,甚至可能对企业形象和声誉产生负面影响。诉讼结果存在不确定性,双方需要承担一定的风险和压力。

(二)专业性和公正性

仲裁通常由专业的仲裁机构或仲裁员进行裁决,具有一定的专业性和公正性。诉讼则由法院进行审理,法律程序较为严谨。在选择时,当事人需要考虑仲裁机构或法院的专业性和公正性。在建设工程实际中,当事人可以根据具体情况,权衡仲裁和诉讼的利弊,并做出合适的选择。

1. 仲裁的专业性和公正性

仲裁机构通常会聘请具有相关领域专业知识和经验的仲裁员,他们对建设工程行业的法律、技术和实务有深入了解,能够做出较为准确的裁决。仲裁程序可以根据当事人的意愿和具体情况来制订,仲裁规则也相对灵活,能够更好地适应建设工程纠纷的特点。仲裁通常具有保密性,只有当事双方和仲裁机构知晓案件的具体情况,有利于保护商业机密和隐私。

2. 诉讼的专业性和公正性

法院作为司法机构,具有权威性和公正性,其审判程序和法律适用较为严谨,保障了裁决的合法性和公正性。诉讼过程中,当事人享有一系列的法律程序保障,如举证、质证、辩论等,确保各方都有平等的机会表达自己的观点和展示证据。法院的审判过程受到公众监督,增强了公正性。

3. 选择仲裁或诉讼的综合考虑因素

在选择仲裁时,当事人需要考虑仲裁机构的信誉和专业性,选择知名、公正且有丰富经验的仲裁机构。对于诉讼,了解法院的审判水平和过往判例,可以作为评估公正性的参考。当事人的意愿和资源也是选择的重要因素。有些当事人可能更倾向于仲裁的保密性和效率,而有些当事人可能更信任法院的权威性。

(三)法律约束力

仲裁裁决和法院判决具有法律约束力,双方必须遵守。调解协议虽然不具有法律上的强制约束力,但可以在一定程度上对双方起到约束作用。在考虑解决方式时,当事人需要根据自己的需求和实际情况来选择。律师在协助当事人选择解决方式时,应根据具体情况进行分析和建议,权衡各种因素,以达到最佳的解决效果。

1.仲裁裁决的法律约束力

仲裁裁决一旦做出,通常具有终局性,双方必须遵守。仲裁裁决具有法律约束力,可在法院强制执行。许多国家都签署了《承认及执行外国仲裁裁决公约》,使仲裁裁决在国际上也能得到广泛的承认和执行。仲裁裁决由专业的仲裁员依据法律和合同条款做出,具有较高的专业性和可预见性。

2.法院判决的法律约束力

法院判决是依据法律程序做出的,具有法定的权威性和约束力。双方必须遵守法院判决,否则可能面临法律制裁。法院判决可以通过法院的强制执行程序来保障实施,确保当事人的权益得到保护。

3.调解协议的约束作用

调解协议是双方自愿达成的协议,反映了双方解决争议的意愿和努力,双方通常会基于商业考量和信誉,尽力遵守协议。调解协议可以包含双方协商一致的解决方案,具有一定的灵活性,能够满足双方的实际需求。

4.选择解决方式的综合因素

在建设工程实际中,当事人选择解决方式时需要进行综合考虑和选择。如果当事人希望得到具有法律强制力的裁决,仲裁或诉讼可能是更合适的选择。调解协议可以在保持双方合作关系的前提下解决争议,对于长期合作的双方可能更为适宜。仲裁和调解通常比诉讼更为快速和经济,对于时间和成本敏感的案件可能是更好的选择。

二、仲裁、诉讼的程序与注意事项

仲裁和诉讼是解决建设工程争议的重要途径,律师需要根据具体情况为当事人选择合适的方式,并在纠纷解决中提供专业的法律服务。

(一)仲裁程序

仲裁程序相对简便快捷。在建设工程实际中,合同各方当事人需要注意仲裁协议的有效性、证据的充分性以及仲裁裁决的执行问题,保障本方的合法权益。

1. 仲裁协议的有效性

合同各方当事人需要仔细审查仲裁协议的形式和内容是否符合法律要求,避免因仲裁协议无效而导致仲裁无法进行。在实际操作中,合同各方当事人应制定详细的仲裁协议,明确各方权利义务,对仲裁协议进行法律审查,确保其符合法律规定和建设工程的实际情况。在合同签订过程中,各方应注重仲裁协议的谈判和协商,确保达成一致。

仲裁协议通常应采用书面形式,明确约定各方同意将争议提交仲裁解决。在建设工程领域,仲裁协议可以是合同中的仲裁条款,也可以是单独的仲裁协议。合同各方当事人需要确保仲裁协议的形式符合法律规定,例如签名、盖章等。

除了明确仲裁的具体事项和选择合适的仲裁机构之外,仲裁协议还应包括仲裁规则的适用、仲裁语言、仲裁费用的承担等。完整的仲裁协议有利于避免后续出现争议和误解。合同各方当事人应当仔细审查仲裁协议的内容,确保其涵盖了所有必要的条款。

2. 证据的充分性

在建设工程纠纷中,证据往往较为复杂,合同各方当事人应及时收集相关证据,如合同文件、工程记录、通信函件等。证据应与争议事项有关联,并能够证明当事人的主张。同时,要注意证据的真实性和合法性,避免伪造或非法获取的证据。如果可能,律师应帮助当事人提前准备好证人证言,确保证人能够清楚、准确地陈述事实,增强证据的可信度。

3.仲裁裁决的执行

在建设工程实际中,仲裁裁决的执行可能会面临各种挑战,律师的作用就是帮助当事人了解法律规定和程序,采取有效的措施来保障仲裁裁决的执行。

仲裁裁决在国内具有法律约束力,可通过法院强制执行。合同各方当事人需要熟悉国内仲裁裁决执行的具体程序和要求,包括向有管辖权的法院申请执行、提交相关证据和材料等。律师应协助当事人准备执行申请,并与法院保持沟通,跟踪执行进度,确保仲裁裁决能够得到及时有效的执行。

如果涉及国际工程或仲裁机构位于国外的,当事人还需要研究相关国家的法律和国际公约,了解仲裁裁决在国际上的可执行性。根据具体情况,当事人可以考虑通过国际司法协助、申请承认和执行外国仲裁裁决等方式,推动仲裁裁决在国外的执行。

一方如果对仲裁裁决不服,应仔细研究仲裁裁决,提出可能的抗辩理由,如仲裁程序违法、证据不足等,并根据具体情况,考虑是否申请撤销仲裁裁决或向法院申请不予执行仲裁裁决。

(二)诉讼程序

法院判决具有权威性和强制性,但诉讼程序较为复杂严格。当事人需要向有管辖权的法院提起诉讼,经过立案、开庭审理、判决等一系列程序。诉讼程序可能会耗费较长的时间和精力,因此在选择诉讼途径时,合同各方当事人还需要综合考虑各种因素,选择最佳的解决方案。

1. 法律适用

合同各方当事人需要深入了解建设工程领域的法律法规,包括合同法、建筑法、质量管理条例等。不同地区可能存在差异,当事人还需要了解当地的法律规定和司法实践,确保在诉讼中适用正确的法律。例如,某些地区可能对建设工程合同的形式有特殊要求,或者对工程质量的认定标准有所不同。

建设工程诉讼中可能会涉及一些具体的法律问题,如工程价款的结算、工期的延误、质量责任的承担等。代理律师需要针对这些问题,准确援引相关法律法规,并结合具体案例进行分析和论证。例如:在工程价款结算方面,律师需要根据合同约定和法律规定,确定结算的依据、方式和时间;在工期延误方面,需要分析延误的原因和责任,以及是否存在不可抗力等免责情形;在质量责任方面,要依据相关标准和规范,判断质量问题的严重程度和责任归属。建设工程法律法规可能会随着时间的推移而更新或变化,律师要及时掌握最新的法律动态,为当事人提供准确的法律建议。

2. 证据收集

证据收集要注意全面、准确、及时。在建设工程诉讼中,除了常见的合同文件、工程图纸、施工记录和验收报告等,合同各方当事人还应关注其他可能对案件有重要影响的证据。例如,与工程相关的邮件、短信、聊天记录等电子证据,或者第三方的证言、鉴定报告等。代理律师应确保全面收集各种形式的证据,以支持本方的主张。

在收集证据过程中,代理律师还要对证据的真实性和可靠性进行审查。例如,检查证据的来源是否合法,是否存在伪造或篡改的可能性。对于一些关键证据,可以通过鉴定、公证等方式予以确认,提高证据的可信度。

此外,代理律师还可以指导当事人建立良好的证据管理制度,确保在工程建设过程中及时、准确地记录相关信息,为可能的诉讼做好准备。同时,要注意证据的保全工作,采取适当的措施防止证据被损毁或丢失。由于建设工程的特殊性,有的证据可能会随着时间的推移而灭失或难以获取。各方应及时采取证据保全措施,如公证、封存等。

3.参加法庭审理

代理律师要根据案件事实和法律规定,制定详细的案件代理策略,包括对对方证据的质证、己方证据的展示和代理意见的阐述。在法庭审理中,律师要注意言辞的准确性和逻辑性,尊重法庭秩序和对方当事人,以良好的形象和专业的素养参加案件审理。

(三)注意事项

无论是仲裁还是诉讼,合同各方当事人都需要关注案件的时效性,避免超过法定的诉讼时效或仲裁时效。此外,还需要注意证据的保全和保密,以免证据丢失或被泄露。在建设工程领域,还需要考虑工程的特殊性,如工程质量鉴定、工程价款的计算等问题。

1.注意诉讼时效的规定

合同各方需要了解仲裁和诉讼的时效要求,以及在建设工程领域可能适用的特殊时效规定。在仲裁方面,《仲裁法》第七十四条规定:"法律对仲裁时效有规定的,适用该规定。法律对仲裁时效没有规定的,适用诉讼时效的规定。"在诉讼方面,《民法典》第一百八十八条规定:"向人民法院请求保护民事权利的诉讼时效期间为三年。法律另有规定的,依照其规定。诉讼时效期间自权利人知道或者应当知道权利受到损害以及义务人之日起计算。法律另有规定的,依照其规定。但是,自权利受到损害之日起超过二十年的,人民法院不予保护,有特殊情况的,人民法院可以根据权利人的申请决定延长。"

一般情况下,建设工程合同纠纷的诉讼时效为三年,自权利人知道或者应当知道权利受到损害之日起计算,自权利受到损害之日起超过二十年的,人民法院不予保护。如有特殊情况,可申请适当延长。当事人应在法定时效内行使权利,避免因超过时效丧失诉讼的机会。并根据案件的具体情况,合理安排仲裁或诉讼的时间节点,确保案件的时效性。

2.注意证据保全和保密

合同各方当事人应采取适当的证据保全措施,根据证据的性质和特点,选择适当的保全方式。例如:对于重要的文件,可以进行公证;对于易损或易逝的证据,可以进行封存或拍照;对于现场情况,可以进行录像。这样可以防止证据的毁损、灭失或被篡改。在发现可能需要保全证据的情况下,各方当事人应及时采取行动,避免证据被毁损、灭失或篡改。同时,要确保保全过程的合法性和规范性。另外,律师和当事人都应严格遵守保密义务,防止证据被泄露给对方或第三方。在建设工程领域,当事人可能会遇到证据保全的困难,如现场已被破坏等。当事人需要灵活应对,寻找其他替代证据或通过其他途径证明事实。

3.注意建设工程的特殊性

首先,关于工程质量鉴定。合同各方当事人需要深入了解工程质量鉴定的相关程序和标准,包括鉴定的申请、受理、实施、报告出具等环节。同时,要熟悉国家或行业颁布的工程质量标准和规范,以便对鉴定结果进行准确评估。在选择鉴定机构时,律师可以根据工程的具体情况和需求,协助当事人筛选具有资质、信誉良好的鉴定机构,要对鉴定机构的专业能力、经验、公正性等方面进行综合考量,确保鉴定结果的客观性和可信度。收到鉴定报告后,合同各方当事人应仔细审查报告的内容,包括鉴定依据、方法、过程和结论等,如发现报告存在问题或疑点,应及时指出,并要求鉴定机构进行解释或补充。必要时,律师还可以申请重新鉴定或邀请其他专家对鉴定报告进行评估。

在实际操作中,合同各方当事人还需要注意与鉴定机构保持良好沟通,确保其了解案件的具体情况和当事人的诉求。律师应关注鉴定过程中的合法性和规范性,防止鉴定程序出现瑕疵,对于复杂的工程质量问题,可以聘请专家提供专业意见。

其次,关于工程价款计算。建设工程中的工程价款计算往往较为复杂。合同各方当事人需要了解建设工程中常用的工程价款计算方法,如工程量清单计价、定额计价等。同时,要掌握相关的计价依据,如工程定额、市场价、合同约定等。对合同中的价款计算条款进行仔细审查,确保合同约定明确、合理。还要注意合同中关于工程变更、索赔、奖惩等条款的约定,以及对价款调整的约定。

工程量是计算工程价款的重要基础,合同各方当事人应当对工程量进行核实,可以通过审查施工图纸、工程变更指令、现场签证等资料,确保工程量的准确性。对于计价依据的选用,律师要关注其合理性和合法性。如市场价的确定是否合理,定额的适用是否恰当,以及是否存在高估冒算等问题。工程实施过程中可能会发生工程变更和索赔等情况。合同各方当事人应及时办理相关手续,收集证据,按照合同约定或法律规定进行价款的计算和调整。

如果在工程价款计算过程中出现争议,合同各方当事人可以通过协商、调解、仲裁或诉讼等途径,维护各自的合法权益。在争议解决过程中,要充分运用法律法规和相关证据,确保价款计算的公正性和合理性。

最后,关于工程进度和变更。合同各方当事人要关注工程的进度和变更情况,以及对案件的影响,及时调整诉讼策略。工程监理应与当事人保持密切沟通,要求其定期提供工程进度报告,通过定期会议、现场勘查或与工程团队的沟通,了解工程的实际进展情况。

当工程发生变更时,合同各方当事人需要深入分析变更的原因,如设计变更、施工条件变化等,评估变更对工程进度、价款、质量等方面的具体影响。律师要仔细审查与工程进度、变更相关的文件和记录,如变更申请、审批文件、会议纪要等,确保这些文件的合法性和有效性。

根据工程进度和变更情况,律师需要评估其对诉讼案件的影响。例如,工程延期可能导致诉讼时效的计算、证据的保全等问题,工程变更可能影响工程价款的计算和责任的认定。根据评估结果,律师要及时调整诉讼策略,包括调整证据收集的重点、修改起诉状或答辩状、调整索赔金额等。

另外,工程律师应与当事人及时沟通工程进度和变更对案件的影响,提供专业的法律建议,协助当事人制订应对措施,降低风险和损失。律师可以考虑是否存在和解或调解的可能性,通过与对方当事人协商,寻求各方都能接受的解决方案,以避免漫长的诉讼过程。通过关注工程进度和变更情况,律师能够更好地维护当事人的权益,确保诉讼策略的有效性和合理性。

三、案例分析:建设工程合同纠纷的解决

建设工程纠纷是律师实务中常见的一类纠纷,涉及合同签订、履行、变更、终止等多个环节。下文以何某诉中铁某公司、林某建设公司、马某等建设工程分包合同纠纷案为例,分析多层转包关系中各方主体的责任承担。

(一)案情介绍

中铁某公司系某铁路工程的总承包方。马某借用林某建设公司资质承包其中的生产生活用房、维修工区房屋二次结构及装饰装修工程。后马某与何某签订《瓷砖铺贴施工合同》,约定何某对图纸所示瓷砖铺贴部分装饰、吊顶部分以包工包料的形式进行施

工。何某施工完成后,马某未足额支付其工程款。何某起诉要求马某支付工程款及利息,中铁某公司、林某建设公司在欠付工程款的范围内承担连带支付责任。

法院经审理认为,马某与何某签订《瓷砖铺贴施工合同》,约定何某对某车站图纸所示瓷砖铺贴部分装饰、吊顶部分以包工包料的形式进行施工,因何某无施工资质,故马某与何某签订的《瓷砖铺贴施工合同》无效,但何某对案涉工程实际进行了施工,故属于案涉工程实际施工人。但案涉工程经过多层违法分包,何某并非能够突破合同相对性主张发包人承担责任的实际施工人,且中铁某公司系案涉工程的总承包人而非发包人,故本案不符合《最高人民法院关于审理建设工程施工合同纠纷案件适用法律问题的解释(一)》第四十三条规定的突破合同相对性承担责任的情形,何某请求中铁某公司、林某建设公司在欠付工程款的范围内承担连带支付责任缺乏依据,法院对该请求未予支持。

(二)笔者建议

1.合同审查

在处理建设工程纠纷中,合同是重要的证据之一。合同各方应当仔细审查合同的内容,包括合同的主体、工程范围、工程质量、工程价款、支付方式、工期、违约责任等。同时,合同各方还应当审查合同的签订过程是否符合法律规定,如是否存在恶意串通、欺诈、胁迫以及挂靠、转包、违法分包等情形。

2.证据收集

在处理建设工程纠纷中,证据的收集是关键。合同各方当事人应收集证据,包括工程签证、工程变更单、工程量清单、工程验收报告、工程款支付凭证等。同时,还应当注意证据的真实性、合法性和关联性,确保证据能够证明案件的事实。

3.法律适用

在处理建设工程纠纷中,法律适用是重要的问题。合同各方当事人应当熟悉相关的法律法规,包括《民法典》《建筑法》《建设工程质量管理条例》等。同时,还应当了解相关的司法解释,如《最高人民法院关于审理建设工程施工合同纠纷案件适用法律问题的解释(一)》等。

4.争议解决

在处理建设工程纠纷中,争议解决是重要的环节。合同各方当事人应当根据案件的具体情况,选择合适的争议解决方式,如和解、调解、仲裁或诉讼等。同时,还应当注意争议解决的时效性,避免案件久拖不决。

另外,在处理建设工程纠纷中,律师应当从合同审查、证据收集、法律适用和争议解决等方面入手,为当事人提供专业的法律服务。例如,在上文的案例中,律师可以根据案件的具体情况,为何某提供相应的法律建议,维护其合法权益。

第九章　建设工程合同的法律保障措施

建设工程合同的法律保障措施旨在确保合同的履行和双方权益的保护。一方面,可以促使双方严格履行合同,保证工程质量和进度;另一方面,在发生纠纷时,有明确的法律依据和解决途径,能够维护双方的合法权益。

一、法律法规对建设工程合同的保障

法律法规为建设工程合同提供了多方面的保障。双方在签订和履行合同过程中,应严格遵守法律法规,确保合同的合法性和有效性。

(一)合同效力保障

法律法规对建设工程合同的形式、内容等做出明确规定,确保合同的合法性和有效性。例如,要求建设工程合同采用书面形式,明确合同双方的权利和义务,保障合同的约束力。

1.法律适用

合同当事人需要明确建设工程合同所适用的法律法规,确保合同的订立和履行符合法律要求。不同地区可能适用不同的地方性法规和主管部门的规范性文件,合同当事人需要对此进行仔细研究和判断。不同类型的建设工程项目也可能适用不同的法律法规。例如,民用建筑与工业建筑的法规要求可能不同,大型基础设施项目与普通住宅项目的规定也可能有所区别。当事人需要根据项目的特点,确定适用的法律法规,确保合同的合法性和有效性。在实际操作中,当事人可以通过查阅相关法律条文、咨询当地政府部门、参考类似项目的案例等方式,深入研究和判断适用于具体建设工程合同的法律法规。

2.合同形式

《民法典》第七百八十九条规定,建设工程合同应当采用书面形式。法律之所以要求建设工程合同采用书面形式,是因为这种形式具有明确双方权利和义务的关键作用。书面合同能够详细且具体地规定了双方在工程建设各个阶段的职责和权利范围,避免因口头约定而可能产生的模糊性和不确定性,最大限度地减少了误解和争议的潜在风险。通过明确双方的责任和角色,书面合同为工程的顺利进行奠定了坚实的基础。

书面合同不仅在解决潜在问题和纠纷时提供了有力的证据支持,而且对合同的履行起到了规范作用,进而降低了纠纷发生的概率。当出现争议时,合同中的具体条款可以作为强有力的依据,用于解释和判断,有助于快速解决问题。此外,书面合同对合同履行的时间、地点、方式等进行了明确约定,促使双方按照约定行事,从而提高了合同履行的效率和质量,保障了工程的顺利推进。

3.合同内容

在建设工程合同中,内容的具体明确至关重要。关键条款应涵盖工程范围、质量标准、工期、价款、支付方式以及违约责任等方面。工程范围的明确划定了承包人的工作范围,避免了可能的工作内容争议;质量标准的明确确保了工程达到预期的质量要求;工期条款的规定有助于双方合理规划工作进度;价款和支付方式的明确可以减少费用方面的争议;而违约责任的明确则促使双方严格遵守合同。当事人在签订合同时应特别关注这些条款,确保其完整性和可执行性。这样可以有效维护双方的合法权益,避免可能的纠纷和损失。

4.缔约过程

在建设工程合同的缔约过程中,当事人的首要任务是确保双方的意思表示真实且自愿。这意味着双方在签订合同前,应当充分了解合同条款的内容和含义,并且没有受到任何欺诈或胁迫等违法行为的影响。当事人需要对双方提供的相关信息进行审核和验证,以确保合同的签订是基于双方的真实意愿和充分的协商。

除了意思表示的真实性,当事人还需要关注建设工程合同的签订和生效程序是否符合法律规定。这包括合同的形式要求、签字盖章的合法性以及法律生效的条件等。当事人应当对合同的各个环节进行仔细审查,确保合同的签订过程合法合规,以避免可能的法律风险和纠纷。同时,律师还应根据建设工程的实际情况,提供专业的法律意见和建议,保障合同的顺利履行和双方的权益。

(二)工程款支付保障

1.支付方式和时间

法律法规明确规定了发包人应当按照建设工程合同约定的支付方式和时间及时支付工程款。这为承包人提供了法律保障,使承包人能够按照合同约定获得应得的报酬,避免了工程款拖欠导致的经济困难和法律纠纷。在工程建设中,承包人需要投入大量的资金和人力,如果工程款不能及时到位,可能会影响工程的进度和质量。

明确的支付方式和时间有助于承包人合理安排资金和施工计划。分期支付或在特定阶段结算工程款可以使承包人更好地控制资金流动,确保工程的各个环节得到及时的资金支持。这样可以避免资金短缺导致的工程停工或延误,保障工程的顺利进行。

发包人按时支付工程款也有助于维护建设工程市场的正常秩序。如果大量的工程款拖欠现象存在,会对整个行业造成不良影响,导致承包人经营困难,甚至可能引发连锁反应,影响整个产业链的稳定。因此,工程款支付时间的明确规定对于维护市场秩序和行业稳定至关重要。

2.利息和违约金

在工程建设中,如果发包人未按照合同约定支付工程款,承包人有权要求其支付利息和违约金。利息的支付可以补偿承包人因资金拖延而遭受的损失,而违约金的要求则是对发包人违约行为的一种惩罚。这有助于促使发包人履行支付义务,同时也对承包人的权益进行了有效保护。

《最高人民法院关于审理建设工程施工合同纠纷案件适用法律问题的解释(一)》第二十六条规定:当事人对欠付工程价款利息计付标准有约定的,按照约定处理;没有约定的,按照同期同类贷款利率或者同期贷款市场报价利率计息。可见,在发包人欠付工程价款的情况下,即使合同没有欠付工程款利息的约定,发包人也应当支付利息。同时,《北京市高级人民法院关于审理建设工程施工合同纠纷案件若干疑难问题的解答》第三十六条规定:建设工程施工合同明确约定发包人逾期支付工程款,承包人可以同时主张逾期付款违约金和利息的,依照其约定,发包人主张合同约定的违约金和利息之和过分高于实际损失请求予以适当减少的,按照《最高人民法院关于适用〈中华人民共和国合同法〉若干问题的解释(二)》第二十九条的规定处理;没有约定或约定不明的,对承包人的主张,一般不应同时支持,但承包人有证据证明合同约定的违约金或利息单独不足以弥补其实际损失的除外。

此外,根据《安徽省高级人民法院关于审理建设工程施工合同纠纷案件适用法律问题的指导意见(二)》第十六条,当事人同时主张违约金和利息的,可予支持。

这些司法解释和审判机关的指导性意见都为承包人提供了法律保障,确保其能够获得应得的款项。需要注意的是,在实际操作中,承包人可以设置合理的合同条款,明确支付方式、时间和违约责任,并在必要时通过法律手段保障工程款的支付。

3.法律救济措施

当发包人违反工程款支付约定时,承包人可以通过法律途径来维护自己的合法权益。律师可以协助承包人提起诉讼或仲裁,要求发包人支付拖欠的工程款及相关利息和违约金。法律救济措施为承包人提供了最后的保障,确保他们的权益得到保护。

(三)工程质量保障

1.质量标准的明确性

法律法规对建设工程的质量标准进行严格规定,为工程建设提供了明确的目标和要求。这意味着建设工程必须符合一定的质量标准,以确保其安全性、可靠性和适用性。这些质量标准通常包括结构强度、耐久性、防火安全、环保等方面的要求。从发包方的角度来看,这是非常重要的。因为一旦工程质量出现问题,可能会导致严重的后果,如人员伤亡、财产损失等。遵守质量标准可以降低潜在的法律风险,保护建设方、施工方和使用者的利益。

为了确保工程质量的稳定和可靠,工程建设各方应当认真遵守这些质量标准。这需要他们在施工前制订详细的施工计划,包括施工流程、质量控制点和验收标准等。施工计划应当考虑到工程的特点、环境条件和法律法规的要求,确保施工过程的科学性和合理性。同时,建设方还需要制订有效的质量控制措施。这包括对施工过程的监督和检查、对原材料和构配件的质量控制,以及对施工人员的培训和管理。质量控制措施应当贯穿整个施工过程,各方应及时发现和解决质量问题,防止问题的扩大和蔓延。

此外,对于合同各方来说,质量标准的遵守不仅仅是一种法律要求,更是一种社会责任。高质量的建设工程不仅能够满足使用者的需求,还能够提高工程的经济效益和社会效益。最后,合同各方当事人在工程合同中还应明确质量标准和违约责任,以加强对质量的约束和保障。这样,一旦出现质量问题,各方就可以依据合同进行追责和索赔,保护自己的合法权益。

2.验收程序的规范性

验收程序的规范性是保障工程质量的重要环节。法律法规规定的验收程序为工程的各个阶段提供了严格的检验和审查标准。建设方必须按照规定的程序进行验收,包括对工程材料的检验,对分部分项工程、隐蔽工程、施工过程的监督、检验以及完工后的验收等。

严格的验收程序,有助于对工程的质量进行全面检查和评估。这有助于合同各方发现潜在的质量问题,并及时采取措施加以解决,确保工程的质量符合相关标准和合同约定。验收程序的规范性可以保护建设方、施工方和使用者的利益。对于建设方来说,规范的验收程序可以确保工程的合格交付,避免质量问题导致的法律纠纷和经济损失。对于施工方来说,严格的验收程序可以促使其严格按照质量标准进行施工,提高工程质量。对于使用者来说,合格的工程质量可以保障其生命财产安全。

规范的验收程序可以形成完整的证据链,为可能出现的纠纷提供证据支持。在验收过程中,合同各方应当详细记录验收的过程、结果和发现的问题,这些记录可以作为日后解决纠纷的重要依据。遵守验收程序的规范性要求可以降低建设方的法律风险。如果验收程序不规范,可能导致工程质量问题被忽视或掩盖,从而引发法律责任和赔偿问题。

为了确保验收程序的规范性,在工程开始之前,建设方应当制订详细的验收计划,明确验收的标准、流程和方法。验收计划应当与法律法规和合同约定相一致。在施工过程中,建设方应当派遣专业人员对施工过程进行监督,及时发现和解决质量问题,确保施工符合验收标准。在验收过程中,建设方应当严格按照验收计划和标准进行操作,不得随意简化或省略验收环节。对于发现的质量问题,建设方应当要求施工方及时整改,并重新进行验收。另外,建设方还应当妥善管理验收过程中的各类文档,包括验收报告、测试报告、整改通知等。这些文档是验收程序规范性的重要体现,也是日后可能出现纠纷时的重要证据。

3.违约责任的约束性

违约责任的规定强化了承包人对工程质量的责任意识。首先,在工程建设中,承包人承担着确保工程质量符合约定的重要责任。通过明确违约责任,承包人清楚地知道如果工程质量不达标,他们将面临相应的法律后果。这促使承包人在施工过程中更加谨慎,严格按照合同要求进行施工,提高工程质量。

其次,发包人有权要求承包人进行修复或返工,以确保工程质量符合约定。这是对质量问题的严肃处理方式,有助于维护工程建设的正常秩序。如果工程质量存在问题,发包人可以依据合同要求承包人采取措施进行修复或返工,直至达到约定的质量标准。

这不仅保证了工程的质量,也保护了发包人的合法权益。

此外,违约责任的约束性还可以起到预防纠纷的作用。在签订合同阶段,各方明确约定违约责任,有助于避免事后的争议和纠纷。一旦发生质量问题,各方可以依据合同约定进行处理,减少不必要的法律纠纷和经济损失。

在实际操作中,合同各方可能会面临一些挑战和问题。例如,对于如何确定工程质量是否符合合同约定,可能会存在争议,各方需要依据相关的标准和鉴定机构的意见进行判断。同时,违约责任的具体承担方式和赔偿标准也需要在合同中明确约定,以避免争议的发生。

为了更好地落实违约责任的约束力,律师可以在合同起草和谈判阶段发挥重要作用。律师可以协助合同当事人制定详细、明确的合同条款,包括对工程质量的约定、违约责任的具体内容和处理方式等。律师可以提供法律意见,确保建设工程合同的合法性和可执行性。

二、合同担保与保险制度的应用

合同担保与保险制度在各类合同中具有广泛应用。合同担保可增强债务人履行债务的信用,降低债权人的风险。常见的担保方式包括保证、抵押、质押等。保险制度则通过分散风险,为合同当事人提供经济保障。

（一）投标保函和履约保函

1.投标保函和履约保函的含义

投标保函和履约保函是在建设工程领域中常用的保函形式。投标保函是由投标人向招标人提供的一种担保,保证投标人在投标过程中遵守招标文件的要求和规定,以及在中标后按时签订合同并履行合同义务。如果投标人违反招标文件或合同约定,招标人可以根据投标保函的条款要求担保人支付一定金额的赔款。

履约保函是承包人向发包人提供的一种担保,保证承包人在合同履行过程中按照合同约定完成工程任务,并保证工程质量符合要求。如果承包人未能履行合同义务或工程质量不达标,发包人可以根据履约保函的条款要求担保人支付一定金额的赔款。

2.投标保函和履约保函的作用

在建设工程招投标和合同履行过程中,投标人或承包人可以通过提供投标保函和履约保函来保证其投标承诺和合同履行。对于发包人而言,投标保函和履约保函是一种重要的风险保障措施。它们确保了投标人或承包人在投标和履行合同过程中的承诺和义务得到落实,减少了发包人可能面临的损失风险。如果承包人未能履行合同义务,发包人可以通过保函获得相应的赔偿,保护自己的合法权益。对于承包人来说,提供投标保函和履约保函增加了他们的违约成本。这促使承包人更加谨慎地履行合同义务,提高工程质量和按时完成工程。保函的存在对承包人的行为起到了约束作用,激励他们遵守合同约定,确保工程的顺利进行。

保函条款的应用有助于减少发包人的风险,同时也对承包人的行为起到约束作用。在实际操作中,律师通常会参与保函的起草、审核和管理,以确保其法律效力和可执行性。

3.投标保函和履约保函的内容

投标保函和履约保函的具体内容和条款可以根据建设工程项目的具体要求和双方的协商进行定制,但通常包括以下内容:

保函的金额:明确保函所担保的金额范围,这通常与合同金额或一定比例相关。

保函的有效期:规定保函的有效期限,一般覆盖投标阶段或合同履行的特定时间段。

担保的事项:详细说明保函所担保的具体事项,如投标的真实性、履约的义务等。

违约责任:界定承包人在哪些情况下构成违约,以及违约后保函的赔付方式和金额。

保函的可转让性:明确是否允许保函在一定条件下进行转让。

保函的退还条件:说明在何种情况下保函可以退还,如合同履行完毕或达到一定的验收标准。

争议解决方式:规定在保函相关争议发生时的解决途径,如仲裁或诉讼。

其他条款:根据具体项目的需求,保函还可能包括诸如适用法律、担保人的责任限制等其他条款。

需要注意的是,保函的内容和条款应根据法律法规和相关规定进行制定,并且要经过合同各方的充分协商和确认。合同各方当事人在起草和审核保函时,应确保其内容合法、明确、可执行,并符合各方的利益和风险管理要求。

(二)预付款保函

1.资金保障

预付款保函为发包人的资金安全提供了保障。在建设工程领域,发包人通常需要支付一定的预付款给承包人,以支持工程的前期筹备和施工。然而,发包人可能会担心预付款被承包人滥用或挪作他用,通过要求承包人提供预付款保函,确保预付款被用于工程建设,降低资金风险。

2.督促责任

预付款保函对承包人的行为起到督促作用。它要求承包人合理使用预付款,并按照合同约定进行工程建设。如果承包人违反约定,将预付款用于其他目的,发包人可以依据保函要求担保人承担相应的赔偿责任。这有助于促使承包人履行责任,保证工程的顺利进行。

3.法律效力

作为一种法律文件,预付款保函具有一定的法律效力。它可以在发生纠纷时作为证据,为发包人提供法律保护。一旦承包人违反约定,发包人可以依据保函的条款和法律规定,维护自己的合法权益。在实际操作中,律师可以协助发包人审查和管理预付款保函,确保保函的有效性和可执行性。同时,律师也可以为承包人提供法律咨询,帮助其理解保函的责任和义务,避免不必要的法律风险。

需要注意的是,预付款保函的具体内容和条款应根据工程的实际情况和各方的协商进行制定。律师在起草、审核和解释保函条款等方面可以发挥重要作用,确保各方的权益得到妥善保护。

(三)工程保险

承包人可以购买工程一切险、第三者责任险等保险,以应对工程建设过程中的意外风险。承包人通过购买工程保险,将一部分工程建设过程中的意外风险转移给保险公司。这样,一旦发生意外事故,如自然灾害、施工事故等,承包人可以从保险公司获得相应的赔偿,减轻自身的经济损失。这有助于承包人稳定经营,降低风险对工程的影响。

工程保险中的第三者责任险对承包人具有重要意义。工程建设中可能会发生对第三方造成人身伤害或财产损失的情况。如果承包人购买了第三者责任险,保险公司将承担相应的赔偿责任,避免承包人因赔偿问题面临法律纠纷和巨额赔偿。

购买工程保险有助于保障工程的顺利进行。如果工程因意外事故而受阻或延误,承包人可以通过保险赔偿来弥补损失,减少对工程进度和质量的影响。这有助于承包人履行合同义务,保证工程按时交付。

在实际操作中,承包人可以选择合适的保险产品,并审查保险合同的条款,确保承包人的权益得到充分保障。同时,律师也可以在发生保险事故时,为承包人提供法律支持和理赔指导。需要注意的是,工程保险的具体内容和范围应根据工程的特点和风险情况进行合理选择和安排。此外,承包人在购买保险时应如实告知保险公司工程的相关信息,避免隐瞒重要事实导致保险失效。

(四)职业责任保险

1.专业责任保障

职业责任保险为相关专业人员提供了在履行职业职责过程中的保障。设计师、监理工程师等专业人员在建设工程中扮演着重要角色,但他们的工作可能存在一定风险。如果专业人员的过失导致工程出现问题或给其他方造成损失,职业责任保险可以提供赔偿保障,以减轻专业人员的个人经济负担。

2.利益保护

对于建设工程的各参与方来说,职业责任保险起到了保护他们利益的作用。如果专业人员的过失导致工程质量问题或其他损失,保险公司可以承担赔偿责任,避免了各参与方之间的纠纷和法律诉讼。这有助于维护建设工程的顺利进行,保障各方的合法权益。

3.风险管理

职业责任保险有助于加强风险管理意识。通过购买保险,专业人员可以更加注重自身的职业责任和风险防范,提高工作质量。同时,保险公司也会对专业人员进行风险评估和管理,提供相关的风险控制建议,促进建设工程领域的规范发展。

在实际操作中,律师可以向相关专业人员介绍职业责任保险的重要性,并协助他们选择合适的保险产品。律师还可以在保险合同的起草和审核过程中提供法律意见,确保合同条款清晰明确,保障各方的权益。

三、建设工程合同的法律监督与管理

建设工程合同的法律监督与管理至关重要。加强法律监督与管理,有助于提高工程质量,保障施工安全,防止合同纠纷。促进建筑市场的健康发展,维护社会公共利益。

(一)合同订立的监督

在建设工程合同订立阶段,合同各方当事人及其律师可以对合同条款进行审查,确保合同内容合法、完整、明确。同时,要关注合同主体的资质和履约能力,防止合同无效或无法履行。

1.法律合规性审查

在建设工程领域,合同是项目顺利进行的基石。合同各方当事人对合同条款的法律审查至关重要,因为这直接关系到合同的合法性。合同各方当事人通过仔细审查合同的各项条款,可以确保合同内容符合相关的法律法规要求。这包括但不限于民法典、建筑法、劳动法等方面的规定。任何违反法律法规的条款都可能导致合同无效或产生法律纠纷,给各方带来不必要的风险和损失。

建设工程涉及众多方面,如工程质量、工期、价款等,其中潜在的法律风险也较多。当事人的合同管理部门或律师在审查合同条款时,需要敏锐地发现可能引发法律风险的条款,并提出修改建议。例如,对于合同中的责任分配、赔偿机制、争议解决方式等条款,律师可以根据法律规定和实际情况,提出合理的修改意见,以避免后续可能出现的法律纠纷。这样可以为建设工程的顺利推进提供坚实的法律保障。

2.合同完整性与明确性

建设工程合同作为各方权利和义务的约定,其完整性对于避免纠纷至关重要。当事人的合同管理部门或律师应当关注合同中是否包含了所有必要的条款。例如,工程范围明确界定了承包人的工作范围,质量标准规定了工程应达到的水准,工期确定了工程完成的时间节点,价格和付款方式则涉及费用支付的具体安排。每个条款都是确保合同全面覆盖工程相关事项的关键。缺少任何一个必要条款都可能导致在合同履行过程中出现争议和纠纷。

除了完整性,合同条款的明确性同样重要。使用模糊或歧义的语言会给合同的理解和履行带来困难,容易引发争议。当事人的合同管理部门或律师应确保合同中的语言表达清晰、准确,避免产生歧义。例如,对于工程范围的描述应具体明确,质量标准应具有可衡量性,工期的约定应具体到日期或阶段。明确的合同条款能够避免各方对合同含义的不同解读,提高合同的可执行性,从而避免发生不必要的争议和纠纷。

3.主体资质与履约能力

承包人、供应商等建设工程合同主体的资质是确保项目顺利进行的基础。发包人的合同管理部门或律师需要仔细核实他们的资质证书、营业执照等文件,以确认其具备相应的专业资质和合法经营资格。这有助于防止无资质或资质不符合要求的主体参与工程,降低工程质量和安全风险。此外,资质审查也是保障合同合法性和有效性的重要环节。

除了资质审查,合同管理部门或律师还应关注合同主体的履约能力。通过调查了解对方的信誉和业绩,评估其在过去项目中的表现和履约能力。这包括考察他们的资金实力、技术能力、管理水平等方面。对履约能力的评估有助于预测合同主体是否有能力按时、按质量要求履行合同义务,从而避免合同无法履行或出现违约等情况。及时发现可能存在的风险,并采取相应的防范措施,可以减少潜在的纠纷和损失。

(二)合同履行的监督

1.工程进度监督

在建设工程领域,工程进度是关键因素之一。合同各方当事人应当制订合理的进度计划,并监督其执行情况。定期审查工程进度报告,对比实际进度与计划进度,及时发现并解决可能影响工程进度的问题。对于延误的情况,合同各方当事人应加强沟通和协商,要求采取相应的补救措施,确保工程按时完成。

2.质量监督

质量是建设工程的核心要求。合同各方均应参与工程质量检查和验收过程,确保工程符合相关标准和合同约定,对于发现的质量问题,及时提出整改要求,并督促对方落实。如果质量问题严重导致违约,守约方可以向违约方主张违约责任,要求对方承担相应的赔偿责任。

3.价款支付监督

价款支付是合同履行中的重要环节。合同各方当事人应当审查支付凭证和结算资料,确保价款支付的准确性和及时性。承包方对于发包方未按照合同约定支付价款的情况,可以通过发出催款函、提起诉讼等方式维护本方的合法权益,并要求发包方承担违约责任。

(三)法律法规的遵守

1.法律法规的熟悉与应用

合同各方当事人需要熟悉建设工程领域相关的法律法规,包括建筑法、招投标法、安全生产法等。只有深入了解这些法律法规,才能准确判断合同履行是否符合要求。在审查合同条款、监督工程实施过程中,合同管理部门或律师应将法律法规作为重要依据,确保合同的合法性和合规性。

2.违法行为的识别与指出

建设工程合同履行过程中,当事人要敏锐地识别建设工程中的违法行为。这可能包括未按规定进行招投标、违反安全生产规定、使用不合格材料等。一旦发现违法行为,守约方应及时指出,并向对方当事人提出法律异议,要求纠正错误采取补救措施。及时纠正违法行为可以避免潜在的法律风险和后果。

3.合规培训与指导

除了上述防范和补救措施,当事人还可以邀请律师等专业人士为其提供合规培训和指导,提高自身对法律法规的认识和理解,增强合规意识。律师可以协助制订内部合规制度和流程,指导当事人在工程建设中遵守法律法规,降低违法风险。

(四)纠纷处理的监督

当发生建设工程合同纠纷时,合同各方当事人应选择合适的合法途径解决纠纷。这可能包括协商、调解、仲裁或诉讼等。合同管理部门或律师要根据具体情况分析各种途径的优缺点,并提供专业的建议,帮助当事人做出明智的选择。

在处理纠纷的过程中,当事人合同管理部门或律师要监督各方依法行使权利,履行义务,确保当事人遵守程序规定,不采取违法手段。同时,要关注证据的收集和保全,确保当事人的合法权益得到充分维护。

律师可以积极参与协商和调解过程,协助当事人进行有效的沟通和协商,寻求共赢的解决方案。在调解过程中,律师作为中立方和专业人员,应积极促进各方达成和解。

第十章　建设工程合同管理的实践

建设工程合同管理的实践涵盖多个方面。要明确合同目标与范围,确保各方对工程要求有清晰理解。在合同签订前,各方应进行充分的风险评估与防范,制订应对策略。实践中,各方要注重合同的执行与监控,确保按约定履行义务。

一、建设工程合同管理的实践经验与问题

建设工程合同管理要明确各方责任和权利,细化合同条款,减少纠纷;建立有效的沟通机制,确保信息及时传递;严格监控合同履行,及时发现并解决问题。

(一)严密的合同条款审查

在建设工程领域,合同当事人应要求合同管理部门及责任人高度重视合同条款的精细审查。有经验的律师会特别关注合同中涉及工程范围、质量标准、工期、价款等核心条款的明确性和精准

性。他们会深入研究可能引发争议的条款,并根据实际情况提出修改意见,以防止在合同执行过程中出现纠纷。

1. 工程范围的明确性

合同管理部门及其人员审查建设工程合同时,应仔细核实工程范围的描述。准确无误的工程范围描述可以避免合同各方在施工过程中产生争议,从而保障工程进度和质量。在实际的工程建设中,工程范围的明确性直接影响到各方的权益和责任。如果工程范围不明确,可能导致施工方对工作内容的理解产生偏差,出现漏项或错误施工的情况。这不仅会影响工程的整体质量,还可能导致工程延误和成本增加。此外,不明确的工程范围也容易引发业主和施工方之间的纠纷,破坏双方的合作关系。

因此,合同管理部门及其人员在审查合同时,应结合建设工程的实际情况,确保工程范围的描述详尽、准确。比如,明确规定工作内容的具体范围、排除不属于工程范围的事项,以及界定与其他工程的边界等。同时,合同管理部门及其人员还需要关注工程范围变更的条款,明确变更的程序和责任分配,以保护各方的合法权益。通过这种方式,合同管理部门及其人员的审查能够为建设工程的顺利进行提供坚实的法律保障。

2. 质量标准的具体性

在工程建设中,具体的质量标准对于保障工程质量至关重要。律师应当确保质量标准具体、可衡量,以避免在工程验收时出现分歧。具体、可衡量的质量标准为施工方提供了明确的指导,使其能够清楚地了解所需达到的质量要求。这有助于减少误解和争议,确保工程质量符合预期。例如,明确规定混凝土的强度等级、墙面平整度的允许偏差等具体指标,可以让施工方有针对性地进行施工和质量控制。

此外,明确的质量标准也为工程验收提供了客观的依据。当质量标准具体可衡量时,验收过程更加透明和公正,可减少主观判断和争议的空间。双方可以依据明确的标准来评估工程质量,避免质量标准不明确导致的纠纷和争议。

因此,合同管理部门及其人员在参与建设工程项目时,应从法律的角度出发,关注质量标准;通过仔细审查合同中的质量标准条款,与相关方进行沟通和协商,确保质量标准明确、可操作。

3. 工期和价款的合理性

对于建设工程而言,工期和价款的合理性直接关系到项目的顺利进行。合同管理部门及其人员在审查合同时,需要特别关注工期和价款的约定是否合理,是否与市场行情和工程实际相符。不合理的工期约定可能导致施工方为了赶进度而忽视工程质量,或者因工期紧张而增加成本。例如,过短的工期可能迫使施工方采取非常规的施工方法,从而增加质量风险。同样,不合理的价款约定可能使一方承担过高的成本压力,影响工程的资金安排和顺利进行。

此外,不合理的工期和价款约定还可能引发纠纷。如果工期和价款的约定与市场行情和工程实际相差过大,可能导致一方认为合同不公平,从而引发争议和法律诉讼。这不仅会增加项目的风险和成本,还会影响工程的进度和质量。因此,合同管理部门及其人员在审查工期和价款条款时,应结合市场行情和工程实际进行分析。可以参考类似项目的经验数据,考虑工程的规模、复杂程度、技术要求等因素,评估工期和价款的合理性。同时,合同管理部门及其人员还应与各方进行充分的沟通和协商,确保工期和价款的约定能够得到各方的认可和接受。

(二)风险意识与应对策略

在建设工程领域,参与各方面临着各种风险,如法律法规变化、市场波动、不可抗力等。有经验的合同管理部门及其人员会着重强调风险防范,帮助当事人识别潜在风险,并制订相应的应对策略。

1.法律法规变化

随着时间的推移,法律法规可能会发生变化。这可能会影响建设工程项目的合法性、合规性和成本。合同管理部门及其人员可以帮助当事人了解最新的法律法规要求,确保项目的设计、施工和运营都符合法律规定。例如,当环保标准提高时,律师可以建议当事人采取相应的措施,以满足新的环保要求。

2.市场波动

建设工程受市场因素的影响较大,如原材料价格上涨、劳动力成本上升等。这些波动可能会导致项目成本增加,影响项目的经济效益。合同管理部门及其人员应进行市场调研,预测潜在的市场波动,并在建设工程合同中约定相应的调整机制。例如,设定价格调整条款,以应对原材料价格的变化。

3.不可抗力

不可抗力事件,如自然灾害、政治动荡等,是无法预见和避免的。合同管理部门及其人员可以在建设工程合同中明确不可抗力的定义和后果,以确定在发生不可抗力事件时各方的责任和权利。此外,合同管理部门及其人员还可以建议当事人制订应急预案,以减少不可抗力事件对项目的影响。

(三)规范的合同变更与索赔管理

1.合同变更管理的重要性

建设工程合同变更是不可避免的。规范的合同变更管理流程可以确保变更的合法性和有效性,避免不必要的纠纷。合同管理部门及其人员应制定变更管理制度,明确变更的申请、审批、实施等环节的程序和要求。例如,当工程范围发生变化时,当事人可以按照规定的流程进行变更申请,确保变更得到各方的认可,并及时调整合同价款和工期等相关条款。

2.索赔意识的培养

合同管理部门及其人员应提示当事人及时提出合理的索赔要求,以维护自身的权益。建设工程中可能会出现各种因素导致的损失,如工期延误、成本增加等。当事人应在规定的时间内提出索赔,否则可能会失去索赔的权利。合同管理部门及其人员应分析索赔的依据和理由,指导当事人收集相关证据,如工程进度记录、费用支出凭证等,为索赔提供有力支持。

3.证据的收集与保全

在建设工程纠纷中,证据的重要性不言而喻。合同管理部门及其人员应在工程实施过程中注重证据的收集和保全,以便在需要时能够提供充分的证据支持。例如,对于工程中的重要文件、会议记录、通知等,当事人应妥善保存,并确保其真实性和合法性。此外,当事人还可以采取适当的措施,如拍照、录像等,记录工程的实际情况,为可能的索赔提供证据。

(四)高效的纠纷解决机制

1.明确纠纷解决方式

合同中应约定明确的纠纷解决方式,如协商、调解、仲裁或诉讼,为当事人提供明确的指引。不同的解决方式具有不同的特点和优势,合同管理部门及其人员应根据具体情况协助当事人选择最合适的途径。例如,对于一些争议较小的问题,协商和调解可能是更快捷、高效的解决方式;而对于一些重大纠纷,仲裁或诉讼可能更为适宜。在合同中明确约定纠纷解决方式,可以避免纠纷发生时合同各方陷入无休止的争论。

2.选择合适的解决途径

合同管理部门及其人员应根据纠纷的性质、金额、复杂程度等因素,评估不同解决途径的利弊。仲裁具有保密性、专业性和一裁终局的特点,但成本较高;诉讼更注重程序公正,但时间和费用成本也较高。在选择解决途径时,当事人应充分考虑本方利益最大化,权衡各种因素,注意效率和节约。

3.强调沟通与合作

在纠纷处理过程中,各方保持沟通和合作是非常重要的。当事人应以积极的态度参与纠纷解决过程,通过有效的沟通和协商,寻求各方都能接受的解决方案。避免采取过于强硬或消极的态度,以免加剧矛盾。同时,在合同履行过程中,当事人应注意保存相关证据,以便在必要时为自己的主张提供支持。

二、建设工程合同管理的优化与改进措施

建设工程合同管理的优化与改进措施,能够提高建设工程合同管理的水平,保证工程的质量、进度和成本控制,降低纠纷发生的概率,为工程项目的成功实施提供有力保障。

(一)强化合同条款的明确性和完整性

1.工程范围和质量标准

在工程建设中,明确工程范围和质量标准是至关重要的。合同管理部门及其人员应当确保合同中对工程范围有详细的描述,包括具体的工作内容、工程量、工程边界等。质量标准,例如采用的技术标准、验收标准等,也应具体明确。这样可以避免在工程实施过程中出现争议和纠纷,保证各方对工程范围和质量的理解一致。

2.工期和价款

对于建设工程来说,工期和价款的规定直接影响到项目的进度和成本。合同各方当事人应制订合理的工期计划,并在合同中明确开工日期、竣工日期以及关键节点的时间要求。

同时,价款条款应详细规定总价、付款方式、结算方式等,以防止后续出现付款争议。此外,各方还应考虑到可能出现的工期延误和价款调整的情况,明确相关的责任和处理方式。

3.违约责任和争议解决

合同中的违约责任条款是保障各方权益的重要部分。各方当事人应制定具体的违约责任条款,明确各方在违反合同条款时应承担的责任和赔偿方式。同时,对于可能出现的争议,合同中应约定明确的争议解决方式,如仲裁或诉讼,并规定适用的法律和仲裁机构或法院。这样可以为解决可能的纠纷提供明确的途径和依据,减少不必要的法律风险。

(二)增强风险防范意识

1.风险评估与防范措施

建设工程参与各方应进行全面的风险评估,识别项目中可能出现的各种风险,如技术风险、市场风险、法律风险等。基于风险评估的结果,制订相应的防范措施,例如在建设工程合同中明确不可抗力的范围和应对方式,以及政策变化时的调整机制。这样可以在风险发生时有明确的责任分担和应对策略,减少不确定性和纠纷的发生。

2.合同相对方资信调查

在建设工程领域,与可靠的合同相对方合作至关重要。合同当事人应进行合同相对方的资信调查,包括对方的资质、信誉、财务状况等方面。通过调查,可以评估对方的履约能力和风险水平,为决策提供依据。对于资信状况不佳的相对方,可能需要采取更严格的合同条款和保障措施,以降低合同风险。

3.保险与风险转移

建设工程参与各方应考虑购买适当的保险,以转移部分风险。例如,购买工程一切险、第三者责任险等可以在一定程度上保障工程项目的顺利进行。此外,合同当事人尤其是承包人还可以考虑其他风险转移方式,如通过分包将部分工作交给有能力承担风险的分包商。

(三)加强合同变更与索赔管理

1.规范合同变更流程

合同当事人应建立规范的合同变更流程,明确变更的提出、审查、批准等程序和要求。这有助于确保变更的合法性和有效性,避免随意变更导致的纠纷。在变更过程中,各方要及时签订书面协议,明确变更的内容、责任和影响,使变更具有法律约束力。

2.索赔意识与证据收集

代理律师应鼓励当事人树立合理的索赔意识,及时发现并提出索赔要求。同时,当事人也应积极收集相关证据,包括合同文件、工程记录、通信往来等,以支持索赔的合法性和合理性。证据的充分性和准确性对于成功索赔至关重要,因此,提高证据收集意识和优化证据保管手段具有重要意义。

3.合同条款解读与运用

合同各方当事人,尤其是合同管理部门及其人员应深入解读合同条款,特别是与变更和索赔相关的条款。深入理解合同中对于变更和索赔的规定,以及各方的权利和义务。在处理变更和索赔时,要充分运用合同条款,依据合同进行主张和抗辩,维护本方的合法权益。

(四)提高合同履行的监督力度

1.建立监督机制

合同各方当事人应制定完善的合同履行监督制度,明确监督的责任、流程和方法;设立专门的监督岗位或团队,定期对合同履行情况进行检查和评估。通过建立有效的监督机制,可以及时发现问题并采取措施解决。

2.问题整改与建议

在监督过程中,合同管理部门及其人员应及时指出发现的问题,并提出具体的整改建议。这有助于当事人及时纠正错误,避免问题的扩大化。同时,律师可以提供法律意见,确保整改措施的合法性和有效性。

3.监督合同相对方

除了对己方的履行情况进行监督,合同管理部门及人员还应加强对合同相对方的监督;关注对方的履约能力、信用状况等,及时发现可能的违约风险;通过定期沟通、审查对方提交的文件等方式,确保对方按照合同约定履行义务。

通过以上优化与改进措施,合同管理部门及其人员能够有效提高建设工程合同管理的水平,减少合同纠纷的发生,保障工程项目的顺利进行。当然,具体的措施应根据每个建设工程的实际情况来制订和实施。

附　录　建设工程合同纠纷
典型案例及裁判分析

　　建设工程合同实务中存在诸多热点和难点问题。本部分摘录了人民法院案例库发布的建设工程合同纠纷的部分典型案例,案例涉及多个方面,包括但不限于以下几点:建设工程承包合同中的"替代开票"条款的效力问题;工程甩项签证后,发包人是否有权以未竣工验收为由拒付工程款;被挂靠单位能否以出借资质为由拒绝支付工程款;发包方明知实际施工人借用资质且未签订建设工程施工合同应承担的付款责任问题;建设工程价款优先受偿权的行使方式问题;当事人就同一建设工程订立数份工程价款不一致的建设工程施工合同时,如何认定实际履行的合同问题;发包人与承包人协商取消国家强制规定的效力问题;等等。

一、案例:江苏某工程公司诉王某某建设工程施工合同纠纷案——建设工程承包合同中的"替代开票"条款应认定无效

在建设工程承包领域,转包人明知对方无开票资质,而约定"替代开票"的,应当认定为无效。"替代开票"条款是否有效,要结合合同约定和履行方式综合认定,关键在于确定建筑材料的实际购买者和付款方。在包工包料且工程款结算包含材料款的情况下,与建筑材料销售商发生买卖合同关系的相对方是承包人。承包人有权要求销售商向其开具发票,但不能向合同以外的第三方开具发票。因为在此情况下,"替代开票"系企业为减少因违法分包、转包所造成的抵税损失,而与包工头约定的变通条款,既与建筑行业税收制度相违背,也违反了发票管理办法的强制性规定,当属无效。

(一)基本案情

原告江苏某工程公司诉称:其与被告王某某于 2011 年 6 月 10 日签订的《建设工程承包协议书》第三部分第 14.1 款约定"乙方领取工程款时,应提供承包总价 70％的材料票";于 2012 年 9 月 2 日签订的《钢结构工程制作安装协议书》第十五条第 2 款约定"付款时请提供相应款项的材料发票,最终发票总额不得低于总工程款的 60％"。根据上述约定,请求判令王某某提供由建筑材料商开具

的金额为 15 636 306.66 元的材料费增值税专票;如不能提供,由王某某向其支付增值税金额 1 489 825.91 元。王某某辩称:(1)两份合同已由法院判决确认为无效合同,故合同中相应的条款应属于无效,本案江苏某工程公司要求其提供材料发票的条款应为无效条款。原判决工程款数额已经扣除税金、利润、管理费,因此其没有义务提供材料费发票。(2)两份合同虽约定包工包料,但材料费实际由江苏某工程公司将钱汇给材料商,材料商直接开具发票给江苏某工程公司,江苏某工程公司在支付货款时应当要求材料商开具发票。故请求法院驳回原告的诉讼请求。法院经审理查明:2011 年 6 月 10 日,江苏某工程公司与王某某签订建设工程承包协议书,约定江苏某工程公司将甲公司 1、2、3 号厂房土建工程发包给王某某施工,合同价款 14 580 000 元,同时约定王某某领取工程款时应提供承包总价 70%的材料费发票。2012 年 9 月 2 日,双方当事人签订《钢结构工程制作安装协议书》,约定江苏某工程公司将乙公司冲压生产车间土建工程发包给王某某施工,合同价款为 4 200 000 元,同时约定王某某在江苏某工程公司付款时应提供相应款项的材料费发票,金额不得低于总工程款的 60%。

另查明,2013 年 12 月 27 日,王某某就 2011 年 6 月 10 日的合同向法院提起诉讼,在该诉讼中,人民法院认定王某某与江苏某工程公司之间的分包、转包合同为无效合同。2015 年 4 月 30 日,江苏某工程公司就 2012 年 9 月 2 日的合同向法院提起诉讼,在该诉讼中人民法院认定江苏某工程公司与王某某均不具备建筑施工资质,双方于 2012 年 9 月 2 日签订的《钢结构工程制作安装协议书》

应属无效。

(二)裁判结果

江苏省靖江市人民法院于 2017 年 3 月 13 日做出(2016)苏 1282 民初 4820 号民事判决:(1)被告王某某于判决生效后 30 日内给付原告江苏某工程公司金额为 15 636 306.66 元的材料费发票;(2)驳回原告江苏某工程公司的其他诉讼请求。判决生效后,江苏省靖江市人民法院对本案进行再审,于 2020 年 11 月 9 日做出(2020)苏 1282 民再 13 号民事判决:(1)撤销江苏省靖江市人民法院 (2016)苏 1282 民初 4820 号民事判决书;(2)驳回原审原告江苏某工程公司要求原审被告王某某提供 15 636 306.66 元的材料费增值税专票的诉讼请求。

(三)裁判理由

法院生效裁判认为,江苏某工程公司基于合同约定,要求王某某提供由建筑材料销售商开具的抬头为江苏某工程公司的建筑材料增值税专票给自己应依法不予支持。首先,本案所涉两份合同,因系违法转包、分包,已被生效法律文书认定为无效合同。其次,据江苏某工程公司陈述,其并未向销售商购买建筑材料,实际购买者和付款人均是王某某,根据我国发票管理的相关规定,销售商的开票对象应是王某某,而非江苏某工程公司。再次,江苏某工程公司因明知王某某无开票资格,与王某某约定由第三方向江苏某工程公司开具材料费发票,以此方式来履行合同约定提供材料发票的条款,实际上是让他人为自己开具与实际经营业务情况不符的发票,违反了《中华人民共和国发票管理办法》的强制性规定。最后,发票应当如实开具,即便要求王某某提供或开具材料费发票,开票金额也应当按照工程实际使用材料确定,事前直接通过合同约定,也与相关法律法规相违背。综上,江苏某工程公司的诉讼请求没有法律依据,依法予以驳回。

[案例来源:人民法院案例库,入库编号:2023-16-2-115-005。案号:(2020)苏 1282 民再 13 号]

二、案例:上海某某建设公司诉某某医疗公司建设工程施工合同纠纷案——工程甩项签证后,发包人无权以未竣工验收为由拒付工程款

工程甩项后,发包人无权以未竣工验收为由拒付工程款。对于甩项工程,特别是承发包双方对工程验收以及工程款支付没有明确约定的甩项工程,工程未竣工验收不应作为工程款支付的阻却条件。应当结合双方将工程送审、退还履约保证金等行为探究当事人的真实意思表示,从而判断工程款支付条件是否成立。一般情况下,竣工验收是工程款结算的前提。工程验收合格的承包人有权主张工程款,验收不合格则无权主张工程款。但在工程甩项的情况下,工程后续施工及最终的竣工验收超出了承包人所能支配的范围,以工程竣工验收作为工程款的支付条件将会无限期拖延工程款支付,给承包人造成较大损失。实践中,甩项工程的发

包人往往以工程未竣工验收为由拖延支付工程款,承包人处于十分被动的地位。因此,对于甩项工程应当通过探究当事人的真实意思表示进行判断,而非仅以验收作为支付工程款的条件。

(一)基本案情

原告上海某某建设公司诉称:2012 年 5 月 6 日,原、被告签订《医用手套、检查手套机安全手套生产投资建设项目总包施工合同》,合同签订后,原告严格按合同约定组织施工,由于施工图纸修改、被告指定分包单位钢结构及水电安装等因素,工期拖延。2013 年 9 月 10 日,因原告要求,原、被告签订《工程甩项签证》,约定由于施工图纸修改等因素,对合同中未完的部分工作进行签证结算。另经被告验收,原告施工工程质量符合约定,被告退还了原告之前支付的履约保证金人民币 1 000 000 元。2013 年 11 月 17 日,原告向被告提交《工程结算清单》,工程造价为 23 198 005 元。经原告多次催促,2014 年 1 月 8 日 ,被告委托审价单位对原告施工的案涉工程造价进行审价,并与审价单位签订《建设工程造价咨询合同》,原告对此予以同意。后原、被告与审价单位就审价中相关问题进行多次会商,并出具了相关工作会商纪要,因被告多次反复,审价单位才于 2014 年 7 月 16 日出具《工程审价审定单》,并同时送达原、被告双方。虽然审定数额偏低,但是原告为了尽快结清工程款,仍对《工程审价审定单》盖章确认,但被告经审价单位多次催促,一直未予确认。审价单位审定工程总造价为 18 710 294 元,扣除被告已支付工程款 13 181 348 元,尚余 5 528 946 元未付。因被告在原告多次催讨后仍未支付,故原告起诉请求:(1)被告向原告支付工程款 5 528 946 元及利息损失(以未付款为基数,自 2013 年 9 月 10 日起至法院判决确定履行日止,按中国人民银行公布的同期贷款利率计算,暂计至 2015 年 9 月 17 日为 645 028.34 元);(2)确认原告在被告欠付的第 1 项诉请所述工程范围内,对本案工程的折价或拍卖、变卖的价款享有优先受偿权。

被告某某医疗公司辩称:案涉工程至今没有通过竣工验收,工程是否存在质量问题无法确认;因工程存在外墙裂缝、梁柱漏钢筋、屋面漏水渗水、1 号生产车间原料池漏水等质量问题,验收通过方可结算,故请求先行对案涉工程质量进行鉴定。工程未经验收合格,审价没有意义;被告委托审价是考虑原告利益,竣工验收可与审价同时进行以缩短时间;审价单位具有相应资质无异议,但审价所依据的计价原则与计价方式违反了双方合同的约定;甩项签证金额应予扣除,己方也未对《工程审价审定单》盖章确认。因此,审价报告不能作为认定本案事实的有效证据,原告诉请工程款及利息损失没有依据。对于原告提供的全部证据材料的真实性均无异议,至于被告已付工程款金额尚需核实。法院经审理查明:原告为房屋建筑工程施工总承包二级资质企业。2012 年 5 月 6 日,承包人原告与发包人被告签订《某某医疗科技(上海)有限公司医用手套、检查手套及安全手套生产投资建设项目总包施工合同》(以下简称案涉合同)。合同约定:工程名称为医用手套、检查手套及安全手套生产建设项目(一期);工程内容为 1♯生产车间、2♯仓库的 15-22 轴线、南北门卫的土建等工程(以下简称案涉工程)施工;按照发包方提供的工程量清单内容,承包方总包干造价为 15 860 000 元,合同价款的其他调整因素等由合同第二部分第 23 条另行约定。合同第二部分第 5.3 条:发包人派驻施工场地履行合同的代表为袁某,职权为申办与施工有关的各类手续、证件;根据有关标准、规范和涉及的要求,对工程设备、材料和施工质量进行检验;执行工程施工合同、监理合同,对承包人履行合同的情况进行检查、监督;组织协调工程建设有关单位的关系;工程业务联系单的签证;检查、监督工程施工的进度;在工程施工合同约定的范围内,工程款支付的审核和签认;管理、监督现场安全、文明施工;以书面形式委托的在授权范围其他职权。第 15.2 条:双方对质量有争议,由双方同意的工程质量检测机构鉴定……。第 24 条:本工程无预付款,履约保证金为 1 000 000 元,在合同签订生效时支付;工程开工基础完成一周内返还 500 000 元,剩余的 50％ 等合同规定的工程竣工,经过双方内部验收通过后一周内退回。第 26 条:各项合同内工程经过业主验收后二周内,发包人支付至完工工程核实工程量 80％ 的工程款;承包人向发包人提交合同内规定的各单项工程的施工方竣工资料,工程决算在三个月内审定;工程余款在 24 个月之内由发包方分期支付至决算总价的 98％,剩余的 2％ 作为质量保证金在竣工后三年内付清;发包人超过约定的支付时间不支付进度款,可与承包人协商签订延期付款协议,经承包人同意后可延期支付,延期支付工程款超过二周后将按照银行同期贷款至基准利息的两倍计算利息。第 27.1 条:发包人制定分包项目为桩基工程、钢结构安装工程、水电及设备安装工程。第 32.7

条:因特殊原因,发包人要求部分单位工程或工程部位甩项竣工的,双方另行签订甩项竣工协议,明确双方责任和工程实际结算价款支付方法。第 33.1 条:工程竣工验收报告经发包人认可合格后28 天内,承包人向发包人递交竣工结算报告及完整的结算资料,双方按合同条款进行工程结算;审计时间在三个月以内完成。合同签订后,2012 年 8 月 24 日、2012 年 11 月 8 日及 2013 年 1 月 5日,原告分别向被告发送了工程部分停工备忘录、工作联系单,就工程图纸修改及指定分包项目影响工程进度予以说明。2013 年 9月 10 日,由于施工图纸和修改等原因,对合同中未完成的部分工作进行签证结算,双方签订《工程甩项签证》。2013 年 11 月 13 日,原告制作案涉工程《决算书》,决算工程总造价为 23 198 005 元,并于 2013 年 11 月 17 日送交被告。2014 年 1 月 8 日,被告委托上海某建设工程咨询有限公司(以下称审价单位)对案涉工程进行审价,并与之签订《建设工程造价咨询合同》,袁某某作为被告委托代理人在合同上签字。2014 年 1 月 22 日,被告召集审价单位及原告,对案涉工程审价事宜进行工作会商,各方对审价依据、范围、方式等事项予以明确。2014 年 6 月,被告方袁某某召集审价单位及原告对审价初稿中存在的问题进行会商,并言明已包含了所有问题,以后不再调整。2014 年 7 月 16 日,审价单位出具《工程审价审定单》,审定结算总造价为 18 710 294 元,原告同意并盖章予以确认,但被告未予盖章确认。2015 年 5 月 5 日,审价单位出具《关于要求医用手套、检查手套及安全手套生产建设项目审价初稿意见回复函》,要求被告接函后 15 日内就 2014 年 7 月 16 日发出的初稿文件给予书面回复,反之将视为认可,将直接出具正式审价报告,2015年4月22日、2015年5月14日,原告要求被告对案涉工程审价进行审定并发送了函及律师函。2015年8月26日,审价单位对案涉工程出具审价报告,审定结论同2014年7月16日审定造价。审理中,原、被告对审价单位具有相应资质均无异议,并且双方确认案涉工程于2012年5月28日开工,原告施工至2013年9月10日双方签订《工程甩项签证》止,之后双方对于如何对已完工程结算及支付工程价款未另行签订协议,被告已将合同约定的履约保证金全部退还给原告。原告另称:被告全部退还履约保证金印证了被告已接收工程并对工程质量不持异议;被告对原告的单方结算持异议而主动委托审价,其间又拖延时间致审价报告迟迟不能做出,无非为了拖延支付工程价款,故对被告的质量鉴定申请表示不予同意,同时请求法院对被告申请不予准许;双方在签订《工程甩项签证》后未对支付工程价款做出约定,被告应依法于交付工程之日支付工程价款。被告另称:双方签订《甩项工程签证》后至今甩项工程未全部完工,工程也未经验收;案涉合同对于袁某某的职权已做约定,其无权在审价过程中签署会商纪要;正因被告对案涉工程质量持有异议,故该审价其实也无意义,被告当然对《工程审价审定单》不予认可。另,庭审后,原告向本预案提交了其资质证书及已付款相关凭证;被告向法院提交了工程质量鉴定申请书及案涉工程现状的照片,但在其承诺的5天时间里未将其已付原告工程款金额的核实情况告知法院。

（二）裁判结果

上海市金山区人民法院于2015年12月28日做出（2015）金民三（民）初字第2896号民事判决：（1）被告某某医疗公司应于本判决生效后十日内支付原告上海某某建设公司工程价款人民币5 528 945元及利息损失（以人民币5 528 945元为基数，自2014年7月16日起至本判决确定履行日止，按中国人民银行公布的同期同类贷款利率标准计算）；（2）原告上海某某建设公司可就其完成的被告某某医疗公司1♯生产车间、2♯仓库的15-22轴线、南北门卫的土建（甩项签证部分除外）工程部分的拍卖或折价款行使优先受偿权，受偿范围限于工程价款人民币5 528 945元。宣判后，某某医疗公司提出上诉。上海市第一中级人民法院于2016年3月30日做出（2016）沪01民终1538号民事判决，驳回上诉，维持原判。

（三）裁判理由

法院生效裁判认为，本案的争议焦点有两个，包括：一是质量异议是否是本案处理的前提；二是对工程价款及利息损失的认定。

关于质量异议是否是本案处理的前提。甩项工程是指某个单位工程，因急于交付使用，把按照施工图要求还没有完成的某些工程细目甩下，对整个单位工程先行验收，甩下的工程细目称为甩项工程。首先，双方签署甩项签证的行为表明，原告已将甩项工程外的案涉工程施工完毕并交付。其次，合同约定工程竣工后经双方内部验收通过退回剩余履约保证金,以及验收在前、尔后结算。从被告已退还原告剩余的履约保证金、原告制作结算并送达被告,以及被告主动委托审价等情形可以看出,双方已经进入结算阶段。案涉工程仅为被告建设工程中的一期,且其中甩项工程至今仍未完工。因被告接收案涉工程,工程质量可视为合格,人民法院对被告以未经验收通过为由拒付工程价款的抗辩不予采纳。至于被告庭后提出的有关工程质量问题可依据合同及相关法律规定另行处理。

关于工程价款及利息损失。双方结算过程表明,被告在对原告单方结算持有异议后主动委托了审价单位审价;在审价过程中,作为委托代理人袁某某之行为符合合同约定的"以书面形式委托的在授权范围其他职权",其行为对被告具有法律约束力。双方对于审价单位资质均无异议,经人民法院审查也未有不妥。双方在审价过程中对于审价依据、范围、方式等事项予以明确并适时进行了调整,已达成如何结算的一致意见。被告以工程未通过验收、审价无意义、审价依据与合同不符,以及未扣除甩项签证部分价款等异议不能成立。在审价单位及原告的催告下,被告无理由未在工程审价审定单上盖章确认,对审价过程漫长负有不可推卸的责任。综上,鉴于被告委托审价,接受审价的单位具有相应资质,审价单位依据合同约定及时采纳双方的一致意见,遵守和采用相关技术标准和技术规范,结合案涉工程的实际情况做出的审价报告应予采纳,案涉工程总价款为 18 710 294 元。因被告在承诺的时间内对其已付工程款的金额未予回应,经法院释明后应视为默认,故确认被告已支付原告工程价款为 13 481 349 元(该金额为原告庭后提交付款凭证确认金额,比原告诉状所述金额多了 1 元)。据此,人民法院确认被告尚欠原告工程价款 5 528 945 元。案涉合同既约定了进度款的支付,同时也约定了特殊情形的处理,即甩项竣工的情形。双方签署甩项签证,而未另行签订甩项竣工协议,致使双方责任和工程实际结算价款的支付方法不明确。合同约定的进度款的支付时间节点及相应比例等均与竣工相关,而案涉工程至今未竣工,该约定已无适用余地。甩项竣工,应视双方对原合同约定的工程范围的变更,并以已完工程现状作为结算依据。考虑到工程总造价尚未确定、案涉合同约定了一定的审价期以及审价过程漫长、双方对案涉工程审价要素均无异议,以及审定金额与审价结论相同且被告拒绝审定的日期即 2014 年 7 月 16 日,可视双方已结算完毕,被告理应支付工程款。原告对利息损失主张的标准低于合同约定,系自行处分权利。原告主张的利息损失计算起始日由人民法院调整至视为双方结算完毕之日。被告在审价单位初审出具审定单后长达一年多的时间里,对审价单位及原告的催告不予理会的行为有失诚信,理应承担利息损失。

至于原告主张的优先受偿权问题。建设工程发包人未按约定支付工程价款的,承包人可以就工程折价或者拍卖的价格优先受偿。原告在履行合同的过程中没有过错,鉴于案涉工程至今未竣工,工程总造价于 2015 年 8 月 26 日方最终确定,原告在法定的期限内向人民法院提起诉讼,主张享有优先受偿权,被告并无异议,人民法院应予支持。此外,优先受偿的建设工程款包括承包人为建设工程应当支付的工作人员报酬、材料款等实际支出的费用,不包括利息和因发包人违约所造成的损失。故本案中原告行使优先受偿权的范围限于工程款 5 528 945 元。

[案例来源:人民法院案例库,入库编号:2023-07-2-115-001。案号:(2016)沪 01 民终 1538 号]

三、案例:上海某某公司诉南通某某公司装饰装修合同纠纷案——被挂靠单位不得以出借资质为由拒绝支付工程款

被挂靠人是对外从事法律行为的名义主体,其不仅是付款义务的承担者,也是主张应得款项的权利主体。被挂靠人有义务积极追讨合同项下的工程款,而不应以挂靠为由拒绝承担义务。

(一)基本案情

2016 年 4 月 28 日,南通某某公司及其分公司作为承包方,与作为发包方的丙公司签订了《建筑装饰工程施工合同》,合同加盖南通某某公司印章。合同约定,由南通某某公司承接酒店室内装饰工程,该公司指派宋某为其驻工地代表并出具授权书委托宋某为其合法代理人。2016 年 8 月 23 日,上海某某公司作为承包方、南通某某公司作为发包方签订了《内部承包合同》,合同落款处加盖了南通某某公司项目专用章,并有宋某签字。2019 年 7 月 24 日,宋某曾向公安机关出具情况说明,认可挂靠南通某某公司签订

施工协议以及私刻南通某某公司公章及项目专用章的事实,并称上海某某公司知晓私刻上述印章事实。各方进行结算后,尚欠上海某某公司部分工程款,上海某某公司遂诉至法院请求判令南通某某公司支付工程款 767 145.15 元。

(二)裁判结果

上海市浦东新区人民法院于 2020 年 11 月 4 日做出(2020)沪 0115 民初 27070 号民事判决:驳回上海某某公司的诉讼请求。宣判后,上海某某公司提出上诉。上海市第一中级人民法院于 2021 年 6 月 3 日做出(2021)沪 01 民终 1830 号民事判决,认定挂靠关系是发生在南通某某公司与宋某之间的内部关系,对外并不具有约束力,南通某某公司作为合同主体对外仍应承担合同项下的权利义务,遂判决:(1)撤销上海市浦东新区人民法院(2020)沪 0115 民初 27070 号民事判决;(2)南通某某公司于本判决生效之日起十日内支付上海某某公司工程款 767 145.15 元。

(三)裁判理由

法院生效裁判认为,丙公司和南通某某公司签订了《建筑装饰工程施工合同》,宋某是南通某某公司指派的驻工地代表及合法代理人,挂靠关系是发生在其与宋某之间的内部关系,对外并不具有约束力,南通某某公司作为合同主体对外仍应承担合同项下的权利义务。南通某某公司将其中部分工程分包给上海某某公司施工,虽然南通某某公司主张该合同上加盖的印章系宋某私刻,但工程系以南通某某公司名义承接,宋某持南通某某公司出具的授权委托书,也是南通某某公司驻工地代表,负责合同履行。南通某某公司确认其与宋某之间系挂靠关系,即使其未参与工程的施工、管理,宋某也具有相应的代理权,其对外以南通某某公司名义签订的《内部承包合同》对南通某某公司具有约束力,应由南通某某公司承担责任。《班组应付款协议》中关于南通某某公司如何付款仅是双方对具体付款流程做出的约定,协议内容并不能体现各施工班组明确表示放弃向总包方南通某某公司主张工程款的权利。故南通某某公司应向上海某某公司支付相应工程款。

[案件来源:人民法院案例库,入库编号:2023-07-2-115-002。案号:(2021)沪01民终1830号]

四、案例:弋某某诉某进出口贸易公司、新疆某建工集团公司建设工程施工合同纠纷案——发包方明知实际施工人借用资质且未签订建设工程施工合同应承担付款责任

发包方发包工程项目时,明知实际施工人无建筑资质,系挂靠于有资质的单位,发包方虽未与实际施工人签订建设工程施工合同,但同意由实际施工人施工,并接收实际施工人缴纳的保证金,双方已形成施工合同关系,应由发包方向实际施工人承担支付工程款的责任。

（一）基本案情

原告弋某某诉称:原告承建工程后陆续向被告某进出口贸易公司交纳履约保证金 1 000 000 元,并组织工人和机械,以包工包料的形式按图纸施工。施工过程中,被告某进出口贸易公司、新疆某建工集团公司及监理单位对原告施工的内容及价格进行了确认。被告某进出口贸易公司出具承诺书,承诺在 2014 年 11 月 12 日前先支付 100 万元工程款,但时至今日,被告某进出口贸易公司未向原告支付任何工程款,对于原告的履约保证金也未退还。故原告请求判令:(1)判令被告某进出口贸易公司、新疆某建工集团公司向原告支付工程款 2 669 155.8 元;(2)判令被告某进出口贸易公司、新疆某建工集团公司向原告赔偿损失 48 万元;(3)判令被告某进出口贸易公司向原告退还履约保证金 100 万元;(4)判令被告某进出口贸易公司向原告支付逾期付款利息 1 374 046.93 元;(5)判令被告某进出口贸易公司以 4 149 155.8 元为基数,自 2022 年 8 月 21 日起至实际支付之日止,按全国银行间同业拆借中心公布的贷款市场报价利率计息。

被告某进出口贸易公司未提交答辩意见。

被告新疆某建工集团公司辩称:(1)原告所称的案涉工程图木舒克市某深加工项目并未实施,被告新疆某建工集团公司及图木舒克市分公司注销前从未就本案案涉工程与他方签订过建设工程施工合同,也没有实际施工,与原告也无任何经济往来。原告诉求被告新疆某建工集团公司承担支付工程款及赔偿损失没有事实和法律依据,应当驳回原告对被告新疆某建工集团公司的诉讼请求。(2)依据(2015)图民初字第499号民事判决书和(2016)兵03民终69号民事判决书查明和确认的事实。本案案涉工程的相对方是图木舒克市某房地产开发有限公司和被告某进出口贸易公司,与被告新疆某建工集团公司无任何关系。(3)原告作为实际施工人与被告新疆某建工集团公司没有关系,原告实际施工人身份的形成,并不是依据对案涉工程的转包,而是基于个人直接承揽被告某进出口贸易公司的工程形成,因此其向被告新疆某建工集团公司主张所谓工程款没有法律依据。(4)本案原告的诉讼请求已超过诉讼时效,应当驳回。

法院经审理查明:2014年5月2日,图木舒克市某房地产开发有限公司与被告某进出口贸易公司签订一份建设工程施工合同,但因图木舒克市某房地产开发有限公司没有建筑施工资质,合同没有实际履行,后由图木舒克市某房地产开发有限公司的法定代表人即原告挂靠在被告新疆某建工集团公司成立的图木舒克市分公司实际施工该项目。原告承建工程后,陆续向被告某进出口贸易公司交纳履约保证金100万元,并进行了施工。施工过程中,被告某进出口贸易公司及监理单位对原告施工的内容及价格进行了确认。后被告某进出口贸易公司的资金不到位导致原告停工。经计算原告已施工的工程总造价为2 669 155.8元。2014年11月6日,被告某进出口贸易公司向原告出具承诺书,承诺在2014年11月12日前支付100万元工程款,但被告某进出口贸易公司至今未向原告支付工程款,对于原告缴纳的履约保证金也未退还。

（二）裁判结果

新疆生产建设兵团图木休克垦区人民法院于 2023 年 5 月 25 日做出（2023）兵 0302 民初 29 号民事判决：（1）被告某进出口贸易公司于本判决生效之日起十五日内支付原告弋某某工程款 2 669 155.8 元；（2）被告某进出口贸易公司于本判决生效之日起十五日内向原告退还履约保证金 100 万元；（3）被告某进出口贸易公司于本判决生效之日起十五日内支付原告弋某某利息 1 205 171.92 元；（4）被告某进出口贸易公司支付原告弋某某逾期付款利息，以 3 669 155.8 元为基数，按同期贷款市场报价利率 3.65%，自 2022 年 8 月 21 日计算至实际支付止；（5）驳回原告弋某某其他诉讼请求。宣判后，原、被告未提起上诉，判决已生效。

（三）裁判理由

原告弋某某与被告某进出口贸易公司虽未签订建设工程施工合同，但双方已形成事实上的合同关系，被告在图木舒克市发包某深加工项目，原告系该项目的实际施工人，对项目进行了部分施工，后被告某进出口贸易公司的资金不到位导致原告停工。经工程量签证单确认，原告已施工的工程价款为 2 669 155.8 元。故对原告主张被告某进出口贸易公司向原告支付工程款 2 669 155.8 元的诉讼请求，法院予以支持。对原告主张被告某进出口贸易公司向原告赔偿损失 48 万元，因原告仅提供证人陈某某出庭所做的证言，且无其他证据与其相互印证，无法证实被告对其造成损失为

48万元,故对该项诉讼请求,不予支持。对原告主张被告某进出口贸易公司向原告退还履约保证金100万元,于法有据,予以支持。对原告主张被告新疆某建工集团公司支付工程款及赔偿损失的诉讼请求,因本案中,被告新疆某建工集团公司并未实际参与案涉工程的承建,且未进行实际施工,故对原告的该项诉讼请求,法院不予支持。

[案例来源:人民法院案例库,入库编号:2023-07-2-115-003。案号:(2023)兵0302民初29号]

五、案例:海某建设公司诉丰某房地产开发公司建设工程施工合同纠纷案——建设工程价款优先受偿权的行使方式包括折价、拍卖

建设工程质量合格的,承包人可自发包人应付工程价款之日起在法定期限内行使工程价款优先受偿权,行使的方式包含协议折价或申请人民法院拍卖等。承包方与发包方在结算协议中约定以部分房屋折价支付工程价款的,该约定构成工程价款优先受偿权的行使。

(一)基本案情

海某建设集团有限公司(以下简称海某建设公司)是取得建筑业企业资质证书的建筑企业,山西丰某房地产开发公司(以下简称丰某房地产开发公司)为房地产开发企业。2012年12月10日双

方签订了建设工程施工承包协议,丰某房地产开发公司为发包单位,海某建设公司为承包单位。协议主要内容:案涉工程造价约9000万元,以实际结算为准,工程质量标准为合格(符合国家标准),争创优质;承包方式为包工包料(总承包);工期为2012年12月20日至2014年12月20日;协议还约定了工程价款支付方式、验收结算、竣工等内容。海某建设公司按协议进场施工完工后,对案涉项目1♯楼、2♯楼、C区商铺进行了验收,竣工验收证明书有建设单位、监理单位、设计单位、勘察单位、施工单位加盖公章确认。2015年12月,海某建设公司、丰某房地产开发公司进行了工程结算,双方确认最终工程结算总价为7096万元。2016年1月9日双方达成协议,主要约定:丰某房地产开发公司2016年元月支付300万元,2016年8月1日前支付100万元;其余2689.31万元抵房,预留工程保证金359.8万元全部抵房,抵房价格2770元/平方米,C区商铺4300元/平方米;自2016年9月30日起算保修期,保修时间及支付按原合同执行;工程款抵房部分,详见明细表。2016年1月10日抵房明细表,具体载明:以79套住宅按2770元/平方米、7套商铺按4300元/平方米的单价,抵顶部分工程款。后来,海某建设公司因工程款给付问题诉至一审法院,请求:(1)判令丰某房地产开发公司支付海某建设公司工程款3219.11万元并支付违约金579.44万元(按年利6%为标准,暂计算至2019年1月1日止,此后按3219.11万元为基数,按年利6%为标准计算至实际支付完毕之日);(2)判决确认海某建设公司就丰某房地产开发公司开发的案涉工程1♯楼、2♯楼、B区、C区项目的折价或拍卖的价款在 3219.11 万元内享有优先受偿权。

(二)裁判结果

山西省运城市中级人民法院于 2020 年 3 月 17 日做出(2019)晋 08 民初 104 号民事判决:(1)丰某房地产开发公司于本判决生效后十日内支付海某建设公司工程款 3219.11 万元及利息(利息按年率 6% 为标准自 2016 年 1 月 31 日起计至款支付完毕止);(2)驳回海某建设公司的其他诉讼请求。海某建设公司不服,提起上诉。山西省高级人民法院于 2021 年 1 月 15 日做出(2020)晋民终 710 号民事判决:驳回上诉,维持原判。海某建设公司申请再审,请求改判海某建设公司就涉案工程 1♯楼、2♯楼,B区、C区项目工程的折价或拍卖价款在 3219.11 万元内享有优先受偿权。最高人民法院于 2021 年 12 月 17 日做出(2021)最高法民申 6178 号民事裁定,指令山西省高级人民法院再审本案。山西省高级人民法院于 2022 年 5 月 19 日做出(2022)晋民再 123 号民事判决:(1)撤销山西省高级人民法院(2020)晋民终 710 号民事判决和山西省运城市中级人民法院(2019)晋 08 民初 104 号民事判决第二项;(2)维持山西省运城市中级人民法院(2019)晋 08 民初 104 号民事判决第一项;(3)确认海某建设公司就丰某房地产开发公司案涉 1♯楼、2♯楼、B区、C区项目的折价或拍卖的价款在 3219.11 万元内享有优先受偿权。如果未按照本判决指定的期间履行给付金钱义务,应当依照《中华人民共和国民事诉讼法》第二百六十条之规定,加倍支付迟延履行期间的债务利息。一审案件受理费 231 727

元及保全费 5000 元,共计 236 727 元,由丰某房地产开发公司负担;二审案件受理费 13 800 元,由丰某房地产开发公司负担。

(三)裁判理由

最高人民法院再审审查认为,根据当时有效的《最高人民法院关于审理建设工程施工合同纠纷案件适用法律问题的解释(二)》(法释〔2018〕20 号)第十九条"建设工程质量合格,承包人请求其承建工程的价款就工程折价或者拍卖的价款优先受偿的,人民法院应予支持"及第二十二条"承包人行使建设工程价款优先受偿权的期限为六个月,自发包人应当给付建设工程价款之日起算"的规定,建设工程质量合格的,承包人可自发包人应付工程价款之日起六个月内行使工程价款优先受偿权,行使的方式包含协议折价或申请人民法院拍卖。本案一审中,海某建设公司提交了五方主体盖章确认的 1♯楼、2♯楼、C 区商铺验收记录、竣工验收证明书,证明其具备行使工程价款优先受偿权的条件。同时,提交 2016 年 1 月 9 日协议和 2016 年 1 月 10 日抵房明细表。2016 年 1 月 9 日协议主要约定:丰某房地产开发公司 2016 年元月支付 300 万元,2016 年 8 月 1 日前支付 100 万元;其余 2689.31 万元抵房,预留工程保证金 359.8 万元全部抵房,抵房价格 2770 元/平方米,C 区商铺 4300 元/平方米;自 2016 年 9 月 30 日起算保修期,保修时间及支付按原合同执行;工程款抵房部分,详见明细表。2016 年 1 月 10 日抵房明细表具体载明以 79 套住宅按 2770 元/平方米、7 套商铺按 4300 元/平方米的单价,抵顶部分工程款。从上述协议约定可知,对于下欠的工程款,双方实质上做了两种约定,一种是现金支付,另一种是以部分房屋协议折价抵顶。原审判决仅审查了2016年1月9日协议,而遗漏2016年1月10日抵房明细表未予审查,对于协议及抵房明细表中约定的以部分房屋折价支付工程价款的约定,是否构成工程价款优先受偿权的行使,未予审理认定。仅基于以现金支付部分工程款的约定,即认定丰某房地产开发公司应给付工程款的日期按双方2016年协议为2016年1月31日,以海某建设公司2019年2月向一审法院起诉时已超过法定的六个月期限为由,驳回海某建设公司关于工程价款优先受偿权的诉求,认定事实不清。

[案例来源:人民法院案例库,入库编号:2023-07-2-115-006。案号:(2022)晋民再123号]

六、案例:刘某某诉哈尔滨市某建筑安装总公司等建设工程施工合同纠纷案——当事人就同一建设工程订立数份工程价款不一致的建设工程施工合同时,应结合当事人的身份、签订合同目的、各方履行权利义务的情况认定实际履行的合同

在建设工程施工合同纠纷案件中,当事人就同一建设工程订立数份建设工程施工合同的情形较多。一旦产生争议,在数份合同均无效的情况下,人民法院依据哪份合同做出裁决,对当事人的实体权益影响较大。对于工程价款约定不同的多份合同,可结合当事人的身份、签订合同目的、履行各合同权利义务等情况综合分析认定实际履行的合同。

(一)基本案情

原告刘某某诉称:2010 年,黑龙江某房地产开发有限公司(以下简称黑龙江某开发公司)开发某小区,该项目是哈尔滨市 2010 年棚改项目。该项目由哈尔滨市某某建筑安装总公司(以下简称哈尔滨某建筑公司)负责总承包。2012 年 4 月 1 日,刘某某以哈尔滨某某劳务分包工程有限公司(以下简称某甲劳务公司)的名义与哈尔滨某建筑公司签订《建设工程施工劳务分包合同》,刘某某为该合同的实际施工人。承包该工程中的某居住区 7♯、8♯、9♯楼和多层砖混 11♯、12♯高层以及物业办公楼的人工。劳务分包总价为高层采用劳务固定总价 550 元/平方米,多层框剪固定总价 550 元/平方米,多层框架固定总价 520 元/平方米,多层砖混固定总价 390 元/平方米。合同签订后,刘某某负责组织工人进场施工,刘某某负责施工的楼号于 2012 年底交付使用。在工程交付使用后,刘某某要求哈尔滨某建筑公司结算,2013 年底,刘某某与哈尔滨某建筑公司进行结算,总计劳务款应为 25 475 736.30 元,哈尔滨某建筑公司已付款 15 311 000 元,尚欠刘某某劳务费 10 164 736.30 元。哈尔滨某建筑公司于 2016 年付款 114 万元,尚欠 9 024 736.30 元。

哈尔滨某建筑公司辩称:刘某某确实挂靠哈尔滨某某劳务建筑有限公司(以下简称某乙劳务公司),承接了碧水湾项目 7—12

级物业楼的轻包工作。按照其完成的实际工作量,哈尔滨某建筑公司已经足额支付其轻包费用 17 760 968 元。在支付过程中,均按照刘某某提供的工人工资明细发放,从未拖欠工程款。

黑龙江某开发公司辩称:黑龙江某开发公司与哈尔滨某建筑公司签订了施工合同,已与哈尔滨某建筑公司工程清算完毕,不欠哈尔滨某建筑公司的钱款。刘某某作为自然人,无权向黑龙江某开发公司主张权利,因为当时黑龙江某开发公司已向刘某某支付了 228 万元工程款,其已经实际接受。

法院经审理查明:2012 年 4 月 1 日,哈尔滨某建筑公司与某甲劳务公司签订《建设工程施工劳务分包合同》,约定:工程名称为某小区 7♯、8♯、9♯楼和多层砖混 11♯、12♯高层以及物业办公楼;工程承包方式为轻包人工费;保险条款为,由于某甲劳务公司施工人员流动较大不便于管理,经协商由某甲劳务公司交纳意外伤害保险,把交款发票返给哈尔滨某建筑公司,哈尔滨某建筑公司按定额中规定比例拨付给某甲劳务公司,此项保险含在固定单价合同价款中,均由某甲劳务公司缴纳。如某甲劳务公司不缴纳,哈尔滨某建筑公司有权代缴后扣回。某甲劳务公司必须为从事危险作业的职工办理意外伤害保险,并为施工场地内人员生命财产和施工机械设备办理保险,支付保险费用。劳务分包总价(含正式劳务发票)及总价分解为:工程高层采用劳务固定总价 550 元/平方米为一次包死,不再调整;多层框剪固定总价 550 元/平方米、多层框架固定总价 520 元/平方米、多层砖混固定总价 390 元/平方米,一次包死不再调整。哈尔滨某建筑公司与某甲劳务公司均在本合同上加盖公章及法定代表人印章,朴某某在哈尔滨某建筑公司负责人处签字,刘某某在某甲劳务公司负责人处签字。2012 年 5 月 25日,哈尔滨某建筑公司与某乙劳务公司签订《施工合同》,约定:工程名称为某小区 7＃、8＃、9＃、11＃、12＃楼和物业楼工程;工程范围为某小区 7＃、8＃、9＃、11＃、12＃楼和物业楼工程的轻包人工费、包机械设备、周转材料;合同总计为以最后实际完成工作量计算,如有争议以有资质机构鉴定为准;结算方式为根据某乙劳务公司的承包范围计取人工、材料、机械费按定额采用固定费率结算,定额项目内人材机不调差。不计取安全文明施工费、总价措施项目费。管理费、利润以直接费为基数计取 8％(管理费 3％、利润5％),工伤险、税金按国家有关规定计取进入结算,并由某乙劳务公司承担相关费用。哈尔滨某建筑公司与某乙劳务公司均在本合同上加盖公章及法定代表人印章。2013 年 1 月 15 日,刘某某施工的轻包工程交付哈尔滨某建筑公司。《某小区轻包费用》内容为:7＃楼建筑面积 3156 平方米,附加面积 526 平方米,单价 390 元,总价 1 435 980 元;8＃楼建筑面积 5392 平方米,附加面积 898.64 平方米,单价 390 元,总价2 453 361.30 元;9＃楼建筑面积 3795 平方米,附加面积 626.5 平方米,单价 390 元,总价 1 726 725 元;11＃楼建筑面积 15505 平方米,附加面积 0 平方米,单价 550 元,总价 8 527 750 元;12＃楼建筑面积 11 552 平方米,附加面积 679 平方米,单价 550 元,总价6 727 050 元;地下车库建筑面积 3450×1.5 平方米,附加面积 1725 平方米,单价 550 元,总价 3 794 970 元;物业楼建筑面积 1246 平方米,附加面积 311.5 平方米,单价

520 元,总价 809 900 元;总价 25 475 736.30 元。周某某、马某某在该表下方签字。《竣工质量验收、工程量 核算及拨款申请表》的主要内容为:某小区项目轻包人工费,工程量单价多层 390 元/平方米、框剪 550 元/平方米、框架 520 元/平方米,总价 25 475 736.30 元,累计付款 1531.1 万元,自 2012 年 6 月 9 日至 2013 年 11 月 5 日拨款。周某某在质检员处、马某某在工长处签字。其余部分均为空白。哈尔滨某建筑公司的法定代表人朴某某,曾系某乙劳务公司股东。哈尔滨某建筑公司自 2010 年至 2020 年,在哈尔滨市某区人民法院、哈尔滨市延寿县人民法院、鸡西市中级人民法院、虎林市人民法院涉及多起执行案件。本案一审诉讼中,哈尔滨某建筑公司授权马某某为委托诉讼代理人,授权委托书显示马某某职务为哈尔滨某建筑公司副经理。

(二)裁判结果

黑龙江省哈尔滨市中级人民法院于 2020 年 11 月 10 日做出 (2019)黑 01 民初 1476 号民事判决:(1)驳回刘某某的诉讼请求; (2)驳回哈尔滨市某建筑安装总公司的反诉请求。宣判后,刘某某以一审法院认定当事人实际履行合同错误为由,提起上诉。黑龙江省高级人民法院于 2022 年 12 月 27 日做出(2021)黑民终 459 号民事判决:(1)维持哈尔滨市中级人民法院(2019)黑 01 民初 1476 号民事判决第二项;(2)撤销哈尔滨市中级人民法院(2019)黑 01 民初 1476 号民事判决第一项;(3)哈尔滨市某建筑安装总公司于本判决生效后十日内给付刘某某工程款 7 570 548.30 元及利息;

(4)驳回刘某某的其他诉讼请求。

(三)裁判理由

关于刘某某借用资质的认定问题,法院生效裁判认为,刘某某以借用某甲劳务公司资质的实际施工人身份,向哈尔滨某建筑公司和黑龙江某开发公司主张支付剩余工程款。在本案中,哈尔滨某建筑公司和黑龙江某开发公司对刘某某系案涉 7♯、8♯、9♯、11♯、12♯楼和物业楼等劳务工程的实际施工人以及刘某某已完成上述全部劳务工程予以认可,对刘某某系借用某甲劳务公司资质不予认可,并主张刘某某系借用某乙劳务公司资质进行施工。本案中,某甲劳务公司、某乙劳务公司均就案涉劳务工程与哈尔滨某建筑公司签订了合同,分别为《建设工程施工劳务分包合同》和《施工合同》。该两份合同的主要区别在于工程造价的计算方式不同。其中《建设工程施工劳务分包合同》约定"按照固定价一次性包死",《施工合同》约定"合同总价以最后实际完成工作量计算,如有争议以有资质机构鉴定为准"。因此,认定刘某某借用哪家劳务公司资质与哈尔滨某建筑公司实际履行合同,是确定案涉劳务工程总造价计算方式的核心依据。法院结合各方当事人所举示的证据,综合分析认为:(1)刘某某在一审中举示了有周某某(质检员)、马某某(工长)签字的《某小区轻包费用》和《竣工质量验收、工程量核算及拨款申请表》。对于该两份证据,单独质证分析,因未加盖哈尔滨某建筑公司的公章而缺少形式要件,不能径直认定为工程结算的依据,但综合本案其他证据质证分析,二审中哈尔滨某建筑公司对周某某系质检员、马某某系工长身份认可,黑龙江某开发公司认为马某某负责工程结算事宜,结合马某某在中标文件中工长的身份以及在哈尔滨某建筑公司授权委托书中副经理的身份,应认定周某某(质检员)、马某某(工长)具有质量验收及工程量核算的权利。就确认刘某某借用哪家劳务公司资质与哈尔滨某建筑公司实际履行合同而言,周某某与马某某签字的《某小区轻包费用》上明确列明了刘某某施工的 7♯、8♯、9♯、11♯、12♯楼和地下车库及物业楼的建筑面积、单价及总价等内容,其中《某小区轻包费用》上列明的单价与《建设工程施工劳务分包合同》约定的单价相一致,能够表明哈尔滨某建筑公司的工作人员实际认可《建设工程施工劳务分包合同》的约定。(2)哈尔滨某建筑公司在一审中举示了交付意外伤害保险的证据,对比《建设工程施工劳务分包合同》与《施工合同》的内容,《建设工程施工劳务分包合同》对于意外伤害保险进行了单独、详细的约定,而《施工合同》并未详细约定意外伤害保险的责任分担等。(3)对于两份合同的签字盖章部分,《建设工程施工劳务分包合同》上有刘某某的签字,而《施工合同》上没有刘某某的签字。哈尔滨某建筑公司和黑龙江某开发公司主张刘某某借用某乙劳务公司资质与哈尔滨某建筑公司签订《施工合同》,但《施工合同》上未体现刘某某的签字,既不能证明《施工合同》系刘某某的真实意思表示,亦与建设工程实践中的常规做法不符。(4)本案中,刘某某实系通过某乙劳务公司取得大部分工程款,并未通过某甲劳务公司取得工程款。刘某某解释系哈尔滨某建筑公司账户被查封,而借用某乙劳务公司账户转账。通常来讲,黑龙江某开发公司作为发包人应将工程款支付给承包人哈尔滨某建筑公司,再由哈尔滨某建筑公司支付给实际施工人刘某某挂靠的劳务公司。在本案中,黑龙江某开发公司直接将工程款支付给某乙劳务公司。结合哈尔滨某建筑公司法定代表人曾担任某乙劳务公司股东,以及哈尔滨某建筑公司涉及多起执行案件的事实,法院认定刘某某的陈述更具有合理性。(5)《建设工程司法解释》第二十一条规定的合同备案是向行政主管部门备案,并非向工程的发包人备案。本案的《施工合同》系在发包人东安开发公司处备案,不适用该条司法解释。综上,法院认定刘某某系借用某甲劳务公司资质与哈尔滨某建筑公司实际履行合同。该合同中约定的结算条款应作为双方结算的依据。

[案例来源:人民法院案例库,入库编号:2024-07-2-115-001。案号:(2021)黑民终 459 号]

七、案例:某建筑公司诉某置业公司、某地产公司建设工程施工合同纠纷案——当事人实际履行的合同应当根据当事人工程款支付情况、结算协议等确定

发包人、承包人就同一工程签订数份施工合同,在确定当事人实际履行的合同时,应当将工程价款支付情况、签证单据、往来函件、结算协议等实际履行因素,与约定的相应实质性内容进行比对,并考量当事人在诉讼中关于实际履行施工合同的不同主张等情况,以此作为结算工程价款的合同依据。

（一）基本案情

某建筑公司以其完成了案涉工程的施工，且工程已经竣工验收合格，其未收到全部工程款为由起诉请求：(1)判令某置业公司、某地产公司立即支付拖欠某建筑公司工程款 97 572 109.87 元及应付工程款利息；(2)判决某建筑公司在应收工程款范围内，对其承建施工的工程享有工程价款优先受偿权。事实与理由：根据其与某置业公司、某地产公司签订的建委备案合同。本案实际履行的也是该合同，应当将该合同作为结算工程价款的依据。某地产公司是该合同载明的工程发包人，应当承担支付工程款的义务。

某置业公司辩称：根据案涉结算协议，某置业公司已经支付完工程款，且已超付工程款，其并不欠付某建筑公司工程款。本案实际履行的是建委备案合同，税务备案合同并未实际履行。某地产公司系案涉工程的共同招标方和发包方，应当承担支付工程款的义务。

某地产公司辩称：其虽然在建委备案合同上盖章确认其是案涉工程的发包人，但其签订该合同的目的是方便办理案涉工程的施工许可证等手续，建委备案合同并未实际履行，本案实际履行的是税务备案合同。某建筑公司自始至终明知某地产公司没有与其建立施工合同的意思表示，即使某置业公司欠付工程款，某地产公司也不承担支付责任。

法院经审理查明：2015 年 3 月 20 日，某置业公司、某地产公司与某建筑公司签订《建设工程施工合同》（因在建委备案，故简称为建委备案合同),约定某置业公司、某地产公司将案涉工程发包给某建筑公司施工。2015年4月30日,某置业公司与某建筑公司签订《案涉工程建设工程施工合同》(已在税务部门备案,故简称为税务备案合同),同样约定某置业公司将案涉工程发包给某建筑公司施工,约定的施工范围、建设工期、工程价款支付方式等实质性内容与建委备案合同不同。建委备案合同是陈某甲挂靠某建筑公司与某置业公司、某地产公司签订,陈某甲与某置业公司的法定代表人陈某乙是亲兄弟,陈某甲的妻子许某与陈某乙是某置业公司的股东,陈某甲、陈某乙、许某均在某置业公司内部工程款审批表上签字。案涉工程最终通过了竣工验收,某建筑公司与某置业公司签署了工程价款结算协议。某地产公司曾与某置业公司就案涉工程签订联合开发合同,约定某地产公司仅提供土地,某置业公司提供除土地外的全部建设资金,负责案涉工程建设并在约定期限内向某地产公司交付一定数量的房屋。在重庆市第五中级人民法院(以下简称重庆五中法院)(2021)渝05民初2884号案件庭审中,某置业公司、某地产公司一致认可案涉联合开发合同的性质为土地使用权转让协议。

(二)裁判结果

重庆市第一中级人民法院于2021年7月27日做出(2020)渝01民初402号民事判决:驳回某建筑公司的诉讼请求。案件受理费529 660.55元,由某建筑公司负担。一审宣判后,某建筑公司不服,提起上诉,认为其除了履行一审主张的建委备案合同外,还履

行了税务备案合同,应当按照税务备案合同和案涉 22 份签证结算
工程款。重庆市高级人民法院于 2022 年 12 月 30 日做出(2021)
渝民终 796 号民事判决:撤销重庆市第一中级人民法院(2020)渝
01 民初 402 号民事判决;确认重庆某建筑公司对重庆某置业公司
享有工程款债权 20 648 579.12 元;重庆某建筑公司在享有的工程
款债权 20 648 579.12 元范围内对其承建施工的某区建竣备字
〔2017〕009A 号、〔2018〕005B 号、〔2019〕001C 号重庆市建设工程竣
工验收备案登记证项下案涉工程 1♯商业楼、A1—A5♯楼、B6—
B10♯楼、1—3♯车库折价或拍卖的价款享有优先受偿权。

(三)裁判理由

法院生效裁判认为:(1)关于案涉工程实际履行的施工合同问
题。案涉结算协议载明的原合同建筑面积、原合同单价等内容与
建委备案合同内容可以相互印证;某建筑公司在一审中将结算协
议作为主张工程款的依据之一,且始终以建委备案合同作为主张
工程款的合同依据;税务备案合同约定某置业公司要向某建筑公
司支付工程预付款,而某建筑公司无证据证明某置业公司向其支
付了工程预付款;一审中某建筑公司对案涉税务备案合同质证认
为,该合同是某建筑公司为了配合某置业公司贷款而签订,从未实
际履行,不能作为结算工程价款的依据。某建筑公司在二审中主
张实际履行了税务备案合同,改变其一审中关于实际履行的施工
合同的主张,缺乏合理解释。故二审法院认定案涉工程实际履行
的是建委备案合同,应以该合同为案涉工程价款的结算依据。(2)

关于某地产公司是否是案涉工程款的支付义务主体问题。第一，经查明，建委备案合同是陈某甲挂靠某建筑公司与某置业公司、某地产公司签订，陈某甲与某置业公司的法定代表人陈某乙是亲兄弟，陈某甲的妻子许某与陈某乙是某置业公司股东，陈某甲、陈某乙、许某均在某置业公司内部工程款审批表上签字。综合这些事实，本案可以认定某建筑公司与某置业公司在建委备案合同的签订与履行方面具有紧密的关联关系。第二，根据案涉联合开发合同约定内容以及在重庆五中法院(2021)渝05民初2884号案件庭审中某置业公司和某地产公司一致认可双方签订的联合开发合同实际为土地使用权转让合同等事实，本案可以认定案涉工程联合开发合同的性质为土地使用权转让合同。根据联合开发合同的约定，某地产公司不负有向案涉工程承包人支付工程款的义务。如前所述，某置业公司与某建筑公司(即工程承包人)具有紧密的关联关系，故本案可以认定某建筑公司在与某置业公司、某地产公司签订建委备案合同时，某建筑公司知道某地产公司与某置业公司签订的联合开发合同，知道某地产公司不负有向某建筑公司支付工程款的义务。第三，某地产公司虽然为案涉工程付款共计3500万元，但均是根据某置业公司的委托而支付，某建筑公司亦未在施工过程中请求某地产公司支付工程款。案涉结算协议以及22份工程款签证是某建筑公司与某置业公司签订，某地产公司并未参与。这些事实也可佐证某地产公司不负有向某建筑公司支付工程款的义务。综上，二审判决认定某地产公司虽是建委备案合同载明的发包人之一，但某地产公司没有支付案涉工程款的合同义务，不是案涉工程款的支付义务主体。在依法认定案涉签证工程款29 300 714.41元应计入工程总价款的基础上,结合某置业公司已付款金额和某置业公司已经被破产清算的情况,二审判决对一审判决予以撤销,改判确认某建筑公司对某置业公司享有工程款债权20 648 579.12元,对相关工程折价或拍卖的价款享有优先受偿权。

[案例来源:人民法院案例库,入库编号:2024-07-2-115-003。案号:(2021)渝民终796号]

八、案例:浙江某建设集团有限公司与上饶市某房地产开发有限公司建设工程施工合同纠纷案——发包人与承包人协商取消国家强制规定应施工的建筑物外墙保温层的约定无效

在建设单位组织进行竣工验收时,按照法律法规的规定和合同约定提交相关验收材料并确认施工质量,是施工单位的法定义务和合同附随义务。在工程存在由建设单位另行单独发包的项目时,承包人有义务就自己施工的工程向发包人提交竣工验收资料,不能以竣工结算资料不完整作为不履行提交竣工结算资料义务的抗辩理由。建设外墙保温层系属于民用建筑节能施工的强制性规定,该法定义务既不能由发包方单方免除,也不能由发包方和施工方协议免除。建设单位与施工单位签订的免除外墙保温层施工的协议应当认定无效。

(一)基本案情

上饶市某房地产开发有限公司起诉请求:(1)要求浙江某建设集团有限公司向上饶市某房地产开发有限公司交付全部竣工验收资料和在工程竣工验收备案表等建筑施工文件上盖章,以便上饶市某房地产开发有限公司能尽快为购房户办理产权证;(2)由浙江某建设集团有限公司按约支付逾期办理工程竣工验收备案违约金199万元;(3)浙江某建设集团有限公司按设计要求补做 5♯楼外墙保温层,并在判决生效之日起三十日内完成。法院经审理查明:2008 年 11 月 1 日,上饶市某房地产开发有限公司、浙江某建设集团有限公司签订了一份《建设工程施工合同》,约定上饶市某房地产开发有限公司将位于上饶市信州区中山路的某工程发包给浙江某建设集团有限公司施工,工程内容为 1—5♯楼及地下室施工工程,合同总价暂定 2077 万元。2008 年 11 月 19 日,双方又签订一份《补充合同》,约定:工程实行包工包料;按工程进度确定付款金额,工程竣工验收后二十天内付至工程总价 90%,三个月内办理完决算,完成工程竣工验收备案,质量评定达到合同约定标准后付至工程总价 97%,剩余 3%工程总价为质量保修金;上饶市某房地产开发有限公司在本合同承包范围内分包工程,浙江某建设集团有限公司有义务配合,工程配合费、施工配合费、管理费合计按 10%计取,由上饶市某房地产开发有限公司根据与分包单位签订的合同约定负责在分包单位的工程款中扣除,并按结算制度的要求支付给浙江某建设集团有限公司。2010 年 8 月 13 日,双方就某工程有关收尾事项又签订一份《承诺协议》,约定:浙江某建设集团有限公司确保在2010年8月15日前完成一期工程5#楼住宅整体的外墙面砖粘贴,线条中级弹性拉毛涂料施工符合建筑工程相关分项工程质量验收标准的前提下,全部拆除外立面四周脚手架,如会延时,浙江某建设集团有限公司同意按每天3万元赔付上饶市某房地产开发有限公司工程延误损失费;浙江某建设集团有限公司确保在2010年8月20日前配合上饶市某房地产开发有限公司与购房户进行交房,并确保在2010年8月30日前完成5#(包括1—5#楼及地下商业车库)全部合同约定应该完成的工程内容收尾,办理好一期工程合同约定的竣工验收资料交给上饶市某房地产开发有限公司办理相关备案。如会延时,浙江某建设集团有限公司同意按每天1万元赔付上饶市某房地产开发有限公司。浙江某建设集团有限公司对某工程开始施工,上饶市某房地产开发有限公司也按合同约定陆续支付浙江某建设集团有限公司工程款。截至2011年2月,上饶市某房地产开发有限公司已付浙江某建设集团有限公司工程款23 268 696.28元。浙江某建设集团有限公司施工某工程1—4#楼于2010年6月3日经相关部门竣工验收合格,5#楼于2010年9月16日由相关部门进行竣工验收,但浙江某建设集团有限公司不肯在5#楼的竣工验收报告和竣工验收备案表上签字盖章,以致5#楼无法进行备案。另查明,5#楼的《建筑设计施工总说明》的第一项和第四项载明了外墙保温层的工程技术规范。2009年4月28日,浙江某建设集团有限公司的项目部收到了上饶市某房地产开发有限公司的通知后,于2009年5月1日向上饶市某房地产开发有限公司发出一份《工作联系单》,要求上饶市某房地产开发有限公司出具一份关于取消1#楼外墙保温层的证明和承担取消保温层不做的一切后果的承诺书。上饶市某房地产开发有限公司工程部收到浙江某建设集团有限公司的《工作联系单》后,随即在《工作联系单》上做出回复:"原4月28日的通知内容中没有外墙保温取消的说法,贵部建议合理,现取消通知20 mm厚1:25水泥砂浆抹灰工序,按5#楼《建筑设计施工总说明》……相关工序安排施工,达到真石漆墙面基底的质量标准。请及时报价给我方事实,以免影响工期。"2009年5月15日,浙江某建设集团有限公司项目部向上饶市某房地产开发有限公司发出一份《工程签证单》,浙江某建设集团有限公司在《工程签证单》上提出了1#楼外墙保温层的具体做法,要求上饶市某房地产开发有限公司尽快做出回复。上饶市某房地产开发有限公司工程部收到《工程签证单》后,随即在《工程签证单》上回复:"经市场询价,选用上海'赛诺'胶粉聚苯颗粒外保温施工样品形式,其上述2—7项施工工艺按38元/平方米计取直接费,再加20%取费(含税金等一切费用),共计45.60元/平方米。"2009年12月16日,经上饶市某房地产开发有限公司、浙江某建设集团有限公司协商一致同意将某城内场各栋楼的外墙装饰工程分包给具有专业技术的衢州市某建筑装饰工程有限公司(以下简称某建筑装饰公司)施工,并由上饶市某房地产开发有限公司与某建筑装饰公司签订合同。2010年3月16日,上饶市某监理有限公司向浙江某建设集团有限公司发出一份关于5#楼外墙设计施工的《监理工程师通知单》,该通知单载明:"外墙面应符合设计保温层 30 mm 厚的要求。"2010 年 5 月 28 日,经相关部门验收,上饶市某房地产开发有限公司开发的某工程 1—4♯楼的外墙保温层等节能施工质量专项验收合格,上饶市某房地产开发有限公司、浙江某建设集团有限公司均在验收报告上盖章。由于 5♯楼没有做外墙保温层,因此,5♯楼没有外墙保温层节能工程施工质量专项验收报告。2011 年 10 月 13 日,某建筑装饰公司向上饶市某房地产开发有限公司出具一份说明,其内容为:"上饶某中心 1♯楼外墙保温层是我公司施工,保温层墙角线由总包单位浙江某建设集团有限公司项目部施工,我公司施工单位按 38 元/平方米结算,为便于工程款支付,商定由建设单位国建房地产公司先将施工工程代垫直接支付给我公司,另 20%综合取费由总包单位与建设单位结算,与我公司无涉。"2011 年 11 月 28 日某建筑装饰公司向浙江某建设集团有限公司出具一份证明,其内容为:"我单位与上饶市某房地产开发有限公司仅签订了一份外墙真石漆的施工合同,按照施工规范,应该先做外墙保温再做真石漆。同时上饶市某房地产开发有限公司委托我单位施工该工程外墙保温,但只施工了 1♯楼,另几栋楼因上饶市某房地产开发有限公司取消外墙保温,我单位就按上饶市某房地产开发有限公司的意思直接施工外墙真石漆。"2010 年 5 月 4 日浙江某建设集团有限公司向上饶市某房地产开发有限公司提交 5♯楼竣工图,浙江某建设集团有限公司在 5♯楼《建筑设计施工总说明》上签名确认已按设计要求和标准完成全部项目施工。再审认定以下事实:(1)某中心 2♯、3♯、4♯、5♯楼工程现场墙体保温与图纸节能设计不符;

(2)江西省高级人民法院 2015 年 4 月 2 日做出(2015)赣民一终字第 27 号民事判决书,已经发生法律效力,该判决书确认了一审认定的双方无争议的事实,其中关于电梯配套费、配合费,该判决书第八页第一段 15—20 行载明:"电梯配套费、配合费,根据双方合同约定,上饶市某房地产开发有限公司在合同范围内分包工程的,应按 5%计取配合费,根据上饶市某房地产开发有限公司提供对外分包工程的合同、结算单等材料(共九项:外墙真石漆、外墙保温、石材干挂、玻璃幕墙、大理石地面、不锈钢栏杆、铝合金门窗、防盗门、电梯),认定因上饶市某房地产开发有限公司对外分包应支付给浙江某建设集团有限公司的配合费合计 227 220.9 元。"上饶市某房地产开发有限公司、浙江某建设集团有限公司在二审均未就该事实提出异议。

(2015)赣民一终字第 27 号民事判决书最后认定本案工程造价应为 24 841 569.55 元,上饶市某房地产开发有限公司已付工程款为 23 467 005.3 元,达到工程总价款 94.7%,本案工程现未完成工程竣工验收备案,尚未达到支付工程总造价的 97%的条件,故对浙江某建设集团有限公司主张上饶市某房地产开发有限公司承担延迟支付工程款违约金的诉请不予支持,并判决驳回上诉,维持原判。江西省上饶市信州区人民法院于 2012 年 2 月 20 日做出(2011)信民二初字第 154 号民事判决:(1)浙江某建设集团有限公司按设计要求补做某工程 5#楼外墙保温层,在本判决生效之日起三十日内完成;(2)浙江某建设集团有限公司完成漏做的保温层后三日内向上饶市某房地产开发有限公司支付全部竣工验收资料和在相关建筑施工文件上盖章;(3)浙江某建设集团有限公司在本判决生效后五日内向上饶市某房地产开发有限公司支付违约金199万元;(4)驳回上饶市某房地产开发有限公司的其他诉讼请求。浙江某建设集团有限公司不服,提出上诉,江西省上饶市中级人民法院于2012年11月5日做出(2012)饶中民二终字第97号民事判决:(1)变更上饶市信州区人民法院(2011)信民二初字第154号民事判决第一项为"浙江某建设集团有限公司于本判决生效之日起三十日内按合同要求完成某工程5♯楼外墙保温层施工,完成保温层施工后三日内向上饶市某房地产开发有限公司交付5♯楼竣工验收资料并在相关建筑施工文件上盖章";(2)变更上饶市信州区人民法院(2011)信民二初字第154号民事判决第二项为"浙江某建设集团有限公司于本判决生效之日起三日内向上饶市某房地产开发有限公司交付某工程1—4♯楼的竣工验收资料并在相关建筑施工文件上盖章";(3)变更上饶市信州区人民法院(2011)信民二初字第154号民事判决第三项为"浙江某建设集团有限公司于本判决生效之日起五日内向上饶市某房地产开发有限公司支付违约金130万元";(4)维持上饶市信州区人民法院(2011)信民二初字第154号民事判决第四项。浙江某建设集团有限公司申请再审。江西省上饶市中级人民法院于2014年7月31日做出(2014)饶中民指再终字第6号再审判决:维持该院(2012)饶中民二终字第97号民事判决。浙江某建设集团有限公司仍不服,向检察机关申请监督。检察机关提出抗诉。

(二)裁判结果

江西省高级人民法院于 2016 年 8 月 15 日做出(2016)赣民再 50 号再审判决:(1)撤销江西省上饶市中级人民法院(2014)饶中民指再终字第 6 号民事判决、江西省上饶市中级人民法院(2012)饶中民二终字第 97 号民事判决、上饶市信州区人民法院(2011)信民二初字第 154 号民事判决;(2)浙江某建设集团有限公司在本判决生效后三十日内向上饶市某房地产开发有限公司交付某工程(由上饶市某房地产开发有限公司另行发包的外墙真石漆、外墙保温、石材干挂、玻璃幕墙、大理石地面、不锈钢栏杆、铝合金门窗、防盗门、电梯等单项工程除外)竣工验收资料,办理竣工验收手续;(3)驳回上饶市某房地产开发有限公司的其他诉讼请求。

(三)裁判理由

法院生效裁判认为,根据双方的诉辩意见,本案的争议焦点可以归纳为:(1)某工程 5♯楼外墙保温层未做是上饶市某房地产开发有限公司取消不做还是浙江某建设集团有限公司漏做?上饶市某房地产开发有限公司要求浙江某建设集团有限公司补做 5♯保温层的诉讼请求能否得到支持? (2)浙江某建设集团有限公司未提交竣工验收资料和配合办理验收是否构成违约? (3)上饶市某房地产开发有限公司要求浙江某建设集团有限公司提交竣工验收资料加盖公章和承担逾期办理竣工验收的违约金应否得到支持?对上述争议焦点,再审分别评述如下:(1)关于 5♯楼外墙保温层未做的原因和上饶市某房地产开发有限公司诉请能否得到支持的问题。关于5#楼外墙保温层,《建设设计施工总说明》中对保温层施工有明确规定,双方对外墙保温层属于设计方案中必须施工范围并无异议,争议的问题是5#楼外墙保温层未做是上饶市某房地产开发有限公司取消不做,还是浙江某建设集团有限公司漏做。再审认为,根据双方提供的证据分析,可以认定5#楼外墙保温层未做是双方都明知且认可的结果。双方在《补充合同》中明确约定了外墙部分在价格无法协商的情况下可以由上饶市某房地产开发有限公司另行发包,上饶市某房地产开发有限公司并未提交其与浙江某建设集团有限公司就5#楼外墙保温层施工价格达成了一致的证据。在双方就外墙保温层是否施工,材料、价格如何确定已经发生争议,并进行了多次书面协商的情况下,上饶市某房地产开发有限公司忽视对外墙保温层的检查和验收的可能性很小,且上饶市某房地产开发有限公司聘请了监理公司在现场对工程施工进行监督,保温层属于隐蔽工程,在完工前按照惯例需要对其进行检查验收,但监理公司在对5#楼外墙面砖返工重新验收外墙的情况下都未提到外墙保温层未做的问题,在工程结算中也未计入5#楼外墙保温层价款。因而上饶市某房地产开发有限公司主张浙江某建设集团有限公司漏做5#楼外墙保温层依据不足。在5#外墙墙面施工期间,2010年3月16日浙江某建设集团有限公司在收到《监理工程师通知单》关于外墙面应符合保温层30 mm厚的要求后既未提出异议,也未按照通知单要求对保温层进行施工,而是直接进行外墙墙面施工,这也说明浙江某建设集团有限公司对5#楼外墙保温层未施工都是明知的。即使是上饶市某房地产开发有限公司取消5#楼外墙保温层,也必须要取得浙江某建设集团有限公司的同意。但实际上浙江某建设集团有限公司在外墙保温层未做的情况下直接进行了外墙施工,当时并未提出任何异议。且在此后5#楼《建筑设计施工总说明》上签名确认并表示已按设计要求和标准完成全部项目施工,一直到诉讼前也没有提出5#楼外墙保温层未施工的问题。上述事实说明,双方虽未就5#外墙保温层不做达成书面协议,但在履行合同的过程中,双方对不做5#楼外墙保温层达成了共识,上饶市某房地产开发有限公司和浙江某建设集团有限公司对此都是明知且认可的。根据双方签订的《补充合同》第八条第2款中的约定,外墙等项目在双方价格无法协商的情况下,上饶市某房地产开发有限公司有权在同等条件下另行发包,在浙江某建设集团有限公司与上饶市某房地产开发有限公司的工程款结算纠纷中经本院二审生效判决确认的工程总价款也未包含该项目工程款,上饶市某房地产开发有限公司完全可以另行发包对5#楼保温层进行施工,其请求浙江某建设集团有限公司对5#楼保温层进行返工补做不应得到支持。(2)关于浙江某建设集团有限公司未提交竣工验收资料和配合验收是否构成违约的问题。竣工验收是发包人与承包人施工单位及其他有关单位共同对施工工程是否符合设计要求和质量标准进行确认的程序,只有竣工验收合格,施工单位取得工程款才有合法的依据。竣工验收由工程建设单位组织进行,并在施工单位、监理单位、设计勘察等单位共同配合下进行。在建设单位组织进行验收时,按照法律法规的规定和合同约定提交相关验收材料并确认施工质量,也是施工单位的法定义务和合同附随义务。浙江某建设集团有限公司在其起诉上饶市某房地产开发有限公司支付工程款纠纷中一直认为其施工质量合格,在本案中也从未否认其施工质量合格,在浙江某建设集团有限公司自认施工质量合格有权取得工程款的情况下却不向建设单位提交竣工验收资料和办理验收手续,其行为既违反了法定义务,也违反了合同义务。浙江某建设集团有限公司在签订《承诺协议》后直至本案一审诉讼前,在与上饶市某房地产开发有限公司的交涉中一直就工程款结算提出异议,从未以上饶市某房地产开发有限公司未提交5#楼保温层资料作为其拒绝提交竣工验收资料和办理验收手续的理由。在本案中,浙江某建设集团有限公司提出系上饶市某房地产开发有限公司未提交5#楼保温层资料导致其资料不完整而无法提交竣工验收资料和办理验收手续的抗辩意见不能成立。首先,浙江某建设集团有限公司一方面主张5#楼外墙保温层系上饶市某房地产开发有限公司取消不做,另一方面又要求上饶市某房地产开发有限公司提交5#楼外墙保温层施工资料,明显自相矛盾。其次,即使5#楼外墙保温层系上饶市某房地产开发有限公司要求取消不做,浙江某建设集团有限公司拒绝办理验收也没有依据。组织工程竣工验收是建设单位的职责,提交竣工验收资料是施工单位的义务,承包人需就自己承包的工程项目提交完整的竣工验收资料,法律和双方的合同均没有要求发包人要将另行发包的项目竣工验收资料提交给承包人。客观上,施工单位对自己未施工的工程也不可能提交施工资料。5#楼外墙保温层,即使按照浙江某建设集团有限公司自己主张的系上饶市某房地产开发有限公司取消不做,浙江某建设集团有限公司也完全可以在提交的验收材料中实事求是注明该情况,而不是拒绝对自己施工部分办理竣工验收。提交竣工验收资料是浙江某建设集团有限公司作为施工单位的义务,资料是否完整不是浙江某建设集团有限公司可以不履行该项义务的合法抗辩理由,而是其可否免除或减少承担违约责任的理由。竣工验收材料提交给建设单位后,最终由建设单位整理汇总,按法律法规规定的要求向建设工程质量管理部门提交办理备案手续,建设单位提交的资料是否合法完整,能否取得备案应由建设工程质量管理部门根据其行政职权进行审查。因此,无论浙江某建设集团有限公司的辩解理由是否成立,浙江某建设集团有限公司拒绝提交竣工验收资料和办理竣工验收均构成违约。(3)关于上饶市某房地产开发有限公司要求浙江某建设集团有限公司履行办理竣工验收义务和承担违约责任的问题。根据对第一个争议焦点的分析,本案 5# 楼外墙保温层未做是浙江某建设集团有限公司与上饶市某房地产开发有限公司双方明知和认可的结果,双方对 5# 楼外墙保温层未做都有过错。对于 5# 楼外墙保温层返工补做导致外墙墙面重做的损失由双方共同承担,可待实际发生后另行主张。浙江某建设集团有限公司拒绝办理竣工验收构成违约,应当按照建设工程施工合同约定承担违约责任。由于外墙保温层系民用建筑节能施工的内容,《民用建筑节能管理规定》中对此有明确规定,属于民用建筑节能施工的强制性标准。国家规定该强制性标准的目的是减少民用建筑能源的消耗,既可以减少建筑使用人能源费用的支出,也可以减少全社会能源消耗,该义务既不能由发包方单方免除,也不能由发包方和施工方协议免除。上饶市某房地产开发有限公司和浙江某建设集团有限公司在明知5♯外墙保温层未做的情况下,签订《承诺协议》,意图取消5♯外墙保温层施工,既损害了第三人利益,也损害了社会公共利益,《承诺协议》应当被认定无效。上饶市某房地产开发有限公司依据《承诺协议》约定的违约条款主张违约金不能得到支持。浙江某建设集团有限公司对5♯楼外墙保温层未施工与上饶市某房地产开发有限公司存在共同过错,同时又置购房人利益于不顾,拒绝就其施工的某工程提交竣工验收资料和办理验收手续,导致某工程至今未办理竣工备案登记已逾五年之久,对由此造成的某工程逾期办理竣工验收备案导致的损失应由上饶市某房地产开发有限公司承担违约赔偿责任。上饶市某房地产开发有限公司对5♯楼外墙保温层未施工自身存在过错,且在纠纷发生后未及时采取补救措施消除工程竣工验收备案的障碍,对某工程逾期办理竣工验收备案导致的损失,自身也应当承担相应的责任。浙江某建设集团有限公司未履行合同约定的提交竣工验收资料和办理竣工验收手续的义务,由于涉案工程至今未办理竣工验收,且至今并未找到其他合法的竣工验收替代方法,上饶市某房地产开发有限公司诉请浙江某建设集团有限公司提交竣工验收资料和在验收文件上加盖公章实际上系要求浙江某建设集团有限公司继续履行合同义务,该请求应当得到支持。根据本院(2015)赣民一终字第27号民事判决书和本案再审认定的事实,除5♯楼外墙墙面外,某工程外墙真石漆、外墙保温、石材干挂、玻璃幕墙、大理石地面、不锈钢栏杆、铝合金门窗、防盗门、电梯等均系上饶市某房地产开发有限公司另行发包,浙江某建设集团有限公司应当对除上述上饶市某房地产开发有限公司另行发包项目外自己施工的工程向上饶市某房地产开发有限公司提交竣工验收资料,办理竣工验收手续。浙江某建设集团有限公司只有在履行该义务后方可免除违约责任。浙江某建设集团有限公司履行办理竣工验收手续的义务后,若工程因其他由上饶市某房地产开发有限公司单独发包项目原因无法办理竣工验收备案,浙江某建设集团有限公司无须承担违约责任。由于上饶市某房地产开发有限公司在本案中并未提交其因浙江某建设集团有限公司不履行竣工验收义务而导致某工程逾期备案的具体损失数额,该损失可待确定后另行向浙江某建设集团有限公司主张。综上,二审及原再审未分清双方的合同权利义务和责任,认定《承诺协议》效力错误,案件处理结果不妥,再审应予纠正。浙江某建设集团有限公司部分申诉请求成立,再审予以支持。

[案例来源:人民法院案例库,入库编号:2024-16-2-115-001。案号:(2016)赣民再 50 号]

参考文献

[1] 李启明.建设工程合同管理[M].3版.北京:中国建筑工业出版社,2018.

[2] 徐勇戈.建设工程合同管理[M].北京:机械工业出版社,2020.

[3] 王俊遐.建筑工程招标投标与合同管理[M].北京:机械工业出版社,2020.

[4] 成虎,张尚,成于思.建设工程合同管理与索赔[M].5版.南京:东南大学出版社,2020.

[5] 王勇.建设工程施工合同纠纷实务解析[M].北京:法律出版社,2023.

[6] 杨立新.合同法[M].法律出版社,2021.

[7] 赵振宇.建设工程项目合同管理路线图[J].项目管理评论,2022(3):74-77.

[8] 刘立欣.建设工程合同管理问题研究[J].福建建材,2022(3):107-109+118.

[9] 陈建设.合同管理在建筑工程建设管理中的应用初探[J].建筑技术开发,2021(20):77-78.

[10] 陈俊生.建设工程合同管理的风险防控探究[J].居业,2021(10):219-220.

[11] 闫文珍.建设工程施工合同法律风险防范措施研究[J].房地产世界,2021(15):137-139.

[12] 张媛婷.建设工程施工合同管理与成本风险管控措施[J].住宅与房地产,2021(28):96-97.

[13] 张北宁.建设工程合同管理中存在的问题及策略[J].住宅与房地产,2021(12):166-167.

[14] 杨芳琴.建设工程施工合同法律风险防范[J].法制与社会,2021(4):66-67.

[15] 卢道志.建筑工程合同的管理与风险预防工作研究[J].房地产世界,2021(3):99-101.

后　记

在多年的律师生涯中,我一直浸润在实务领域,近些年更多地接触建设工程领域的争议解决案例,面对诉讼过程中的纷繁复杂和险象环生,深感需要对执业中的所思所悟有所总结和提升,以期能对平时服务的客户和当事人提供体系化的参考,于是在繁忙的办案之余,断断续续,零敲碎打,集腋成裘。

本书旨在探讨建设工程合同管理与法律保障的重要性和实务经验,并对未来的行业法律风险进行展望。当前,房地产行业荣光不再,建筑行业的竞争势必更趋白热化,规范管理尤其是规范合同管理不失为其增强内生动力的关键一环,同时我也深刻认识到建设工程合同管理的复杂性和艰巨性,希望法律保障在这一领域能发挥应有作用。

随着建筑行业的发展变化,建设工程合同管理将面临更多的机遇和挑战。未来,我预测以下几个方面将成为关注的重点:

第一,随着信息技术的飞速发展,建设工程合同管理也将越来越依赖数字化和信息化工具。电子合同、区块链技术、AI 人工智能等的应用将提高合同管理的效率,同时也将为法律保障提供更有力的支持。

第二,为适应建筑行业的发展需求,相关法律法规也将被不断修订和完善。这将有助于规范市场秩序,保障各方的合法权益,促进建设工程合同的有效执行。

第三,可持续发展将成为重要的考量因素。合同管理和法律保障将需要更好地体现环境保护、资源节约等方面的要求,推动建筑行业的绿色发展。

第四,随着全球化的深入发展,建设工程领域的国际化合作将日益增多。这将对合同管理和法律保障提出更高的要求,我们需要更好地解决跨国合作中的法律问题和文化差异。

第五,具备专业知识和实践经验的人才是行业发展的保障。我们要加强对相关人才的培养,提高他们的综合素质和能力。

在未来的研究与实务中,我将继续关注建设工程合同管理与法律保障的最新发展动态,深入探讨相关问题,为行业的健康发展提供有益的参考。同时,我也希望本书的出版能够引发更多的讨论和思考,促进学术界和实务界的交流与合作。

最后,我要感谢所有为本书的出版付出努力的人,包括编辑、审稿人以及其他有关机构和个人。正是由于大家的共同努力,本书才得以顺利完成。

希望本书能为读者提供有价值的信息和启示,助力建设工程合同管理与法律保障领域的发展,为建筑行业的繁荣做出贡献。